图像可逆信息隐藏技术研究

狄富强　张敏情　著

西安电子科技大学出版社

内 容 简 介

本书概述了信息隐藏技术的基本概念、主要分支等基本知识,全面阐释了图像可逆信息隐藏技术的基本模型、研究现状、评价指标、应用场景和常用方法,从空间域算法、压缩域算法、对称加密域算法、公钥加密域算法、生成式算法等不同类型出发,结合作者以及所在团队近年来在该领域取得的主要研究成果,对相关研究背景以及前沿算法进行了系统介绍与探讨。

本书既可以作为相关领域研究者的参考用书,也可以作为信息安全类专业高年级本科生和研究生信息隐藏类相关课程的教学用书。

图书在版编目(CIP)数据

图像可逆信息隐藏技术研究/狄富强,张敏情著. —西安:西安电子科技大学出版社,2021.11(2022.5 重印)

ISBN 978 - 7 - 5606 - 6093 - 6

Ⅰ. ① 图… Ⅱ. ① 狄… ② 张… Ⅲ. ① 计算机图形学-加密技术-研究

Ⅳ. ① TP391.411

中国版本图书馆 CIP 数据核字(2021)第 131199 号

策　　划　陈　婷
责任编辑　马晓娟
出版发行　西安电子科技大学出版社(西安市太白南路 2 号)
电　　话　(029)88202421　88201467　　邮　　编　710071
网　　址　www.xduph.com　　　　电子邮箱　xdupfxb001@163.com
经　　销　新华书店
印刷单位　陕西天意印务有限责任公司
版　　次　2021 年 11 月第 1 版　2022 年 5 月第 2 次印刷
开　　本　787 毫米×1092 毫米　1/16　印张 8
字　　数　186 千字
印　　数　501~1500 册
定　　价　28.00 元
ISBN 978 - 7 - 5606 - 6093 - 6/TP

XDUP 6395001 - 2

前　言

作为网络空间安全领域的研究热点之一，图像可逆信息隐藏技术不仅可以正确提取事先嵌入图像的秘密信息，还可以无损恢复原始的载体图像，在图像完整性保护、密文图像管理等领域的应用越来越广泛。本书梳理和总结了近年来图像可逆信息隐藏技术的发展现状和发展趋势，归纳该技术的基本原理和基本方法，并系统介绍该领域的经典算法和前沿算法，结合本书作者所在团队近年的研究成果，从空间域、压缩域、加密域等不同角度出发，对该技术的实现原理和实现方法进行了详细介绍。本书介绍的相关研究成果已经发表在影响力较高的国际期刊上，并得到了学术同行们的肯定。

本书所介绍的研究得到了国家自然科学基金项目(61379152、61872384)的资助，在此特别向国家自然科学基金委员会等单位表示感谢。

本书内容新颖、逻辑严谨，注重基础、面向应用，具有一定的学术价值和应用价值，在学术思想、内容范围、结构体系等方面具有较高的理论先进性和学术前沿性。

本书既可以作为从事图像安全、多媒体安全等研究工作的教师、研究人员或者相关领域技术人员的参考用书，也可以作为多媒体信息安全、网络空间安全等相关专业的高年级本科生和研究生相关课程的教材或者教学参考书。

由于作者水平有限，书中难免存在疏漏之处，恳请同行学者批评指正。

作　者

2021 年 9 月

目　　录

第一章　信息隐藏技术概述

1.1　信息隐藏技术的产生和发展

没有网络安全就没有国家安全。作为网络空间安全领域的两种重要技术,加密技术[1-4]和信息隐藏技术[5-8]在保障网络空间数据安全等方面发挥着至关重要的作用。加密技术利用加密算法将明文数据转换为密文数据,采取的是让第三方"看不懂"秘密信息的方式。信息隐藏技术将待传输的数据以不易察觉的方式嵌入图像、视频等司空见惯的多媒体数据中,采取的是让第三方"看不到"秘密信息的方式。虽然加密技术是保障信息系统安全的基础和核心技术,但是在某些特殊场合仍然存在一定的局限性。比如在情报传递过程中,杂乱无章的密文形式相对于明文形式来说属于异常数据,相当于明确告诉潜在攻击者"数据已经被加密"这一事实,会引起攻击者进行密码分析[9]的兴趣。随着移动互联网、大数据[10]、云计算[11]、量子计算[12]等新兴技术的不断发展,密文被破译或者数据被深度挖掘分析的风险越来越大。信息隐藏技术作为一种重要的补充技术,可以弥补密码技术在某些场合下的不足,越来越受到产业界和学术界的重视[13]。

信息隐藏是一门涉及多媒体技术、信息论、信号处理、计算机视觉等多个方向的交叉学科,在诸如隐蔽通信[14]、情报侦察[15]、数字版权保护[16]、电子票据防伪[17]等领域具有独特的技术优势。

信息隐藏技术起源于远古时代的隐写术思想,其发展历史大致包括古代隐写术阶段以及现代信息隐藏技术阶段。古代隐写术基本属于艺术范畴,是古代人类智慧的结晶,而现代信息隐藏技术逐渐发展成为一门成熟的多学科交叉的实用技术。信息隐藏技术的应用需求并不是直到现代社会才出现的,利用司空见惯的媒介将秘密信息掩护起来以实现数据安全的思想由来已久。与密码技术类似,信息隐藏技术的产生和发展与军事以及战争密切相关,与军事领域对秘密信息安全传输的重要需求有关。最早关于古代隐写术的记载可以追溯到公元前 5 世纪的 *Histories* 一书。该书记录了两个隐写术经典案例。在第一个案例中,古希腊人将最信任的奴隶的头发剪去,然后把秘密信息刺在奴隶头上,等奴隶的头发长长以后再把其派往信息接收方。该奴隶在前往目的地的途中可以幸运地躲过搜查者的盘查,而信息接收方可以在剪去奴隶头发后得到正确的秘密信息。在第二个案例中,斯巴达国王在波斯军队进攻之前提前收到了关键军事情报,情报传递者首先将木质写字板表面的蜡刮净,在书写秘密信息后,再用一层新鲜的蜡覆盖掉,使其看上去与一块崭新的空白写字板没有差别。

隐写术的英文名称"Steganography"源自德语,最早由德国密码学家约翰尼斯·特里特米乌斯(Johannes Trithemius)于公元 1499 年提出,并沿用至今。该词来源于两个希腊字根"steganos"和"graphein"，在希腊语中分别代表"掩盖的"和"书写"的含义，因此中文译作"隐写"。近几个世纪以来，隐写技术在历次战争行动以及情报传递活动中立下了赫赫战功。在第二次世界大战中，德军发明的微点技术[20]（microdots）将重要情报通过特殊手段缩小若干倍并伪装成为印刷品上的普通字母或者标点符号，即使通过公开渠道进行传播也几乎不会被敌方所察觉。信息接收方通过显微镜就能清楚地获知重要的军事情报。除了军事方面的大量应用，21 世纪以来各国政府在利用特制的染料、油墨等材料进行钞票保护方面的工作也被报道采用了隐写术。另一广为人知的应用是古今中外丰富而有趣的藏头诗，该类应用也被认为是语言学中的隐写术。例如，名著《水浒传》中出现过一首藏头诗被广为传颂：

芦花丛里一扁舟，

俊杰俄从此地游。

义士若能知此理，

反躬逃难可无忧。

"智多星"吴用巧妙地把"卢俊义反"四个字藏在上面四句诗的句首，成功把"玉麒麟"逼上梁山。古今中外，类似这样的藏头诗还有很多。现代社会，人们利用搜索引擎搜索关键词"藏头诗在线生成器"，可以找到很多在线生成藏头诗的工具，只需要输入需要藏的内容就可以按照要求生成各种类型的藏头诗，甚至还可以设置藏的位置和押韵方式。

古代社会的信息隐藏大多情况下需要巧妙的设计，因此更像是一种艺术。进入信息社会，随着计算机技术、信息技术、多媒体技术的出现以及不断发展，信息隐藏技术也进入了崭新的阶段。首先，由于需要被隐藏的信息可以数字化，待嵌入的秘密信息变成了数字化的信息。其次，由于出现了数字图像等数字化媒介，可以用于信息隐藏的数字化媒介越来越丰富。此外，信息社会对于信息安全的需求越来越迫切，信息隐藏技术作为一门重要技术受到越来越多的关注，出现了越来越多的数据嵌入方法和算法。随着互联网技术和多媒体技术的不断发展，网络上出现的大量图像、视频、音频、文本等数字媒体中存在着大量的冗余信息，可以用来嵌入秘密信息，这为古老的隐写术注入了新的活力。特别是从 20 世纪 90 年代以来，现代信息隐藏技术得到了迅速发展。1996 年在英国剑桥大学举办的第一届国际信息隐藏学术研讨会（Information Hiding Workshop）被认为是现代信息隐藏作为一门新学科诞生的标志。该会议在成功举办十四届之后，于 2013 年与国际多媒体安全会议（ACM Workshop on Multimedia and Security）合并成为信息隐藏暨多媒体安全国际会议（ACM Information Hiding and Multimedia Security Workshop，IH&MMSec）。IH&MMSec 会议由国际计算机学会（Association for Computing Machinery，ACM）每年召开一次，是目前信息隐藏领域最具权威的国际会议。在国内，信息隐藏领域也会定期召开信息隐藏学术大会和专题研讨会。中国信息隐藏暨多媒体信息安全学术大会（China Information Hiding Workshop，CIHW）由中国电子学会通信分会和北京电子技术应用研究所联合主办，是目前国内信息隐藏领域最为著名的学术盛会，会议规模也呈现逐年扩大的趋势，截至 2020 年已经成功举办十五届。在国际上，信息隐藏领域的动态、技术和成果得到了电气和电子工程师协会（Institute of Electrical and Electronics Engineers，IEEE）等学术组织以及德国施普林格出版社（Springer）、荷兰爱思唯尔出版公司（Elsevier）等权威出版机构下属的学术期刊以及学术会议的持续报道。国内外学术界对信息隐藏技术的研究十分活跃，信息隐藏领域近年来发表在 IEEE Transactions on Information Forensics and Security (TIFS)、IEEE Transactions on Circuits and Systems for Video Technology(CSVT)等信息安全和多媒体权威期刊上的文章数量和影响力正不断提高。此外，国内外知名科研院所、国防和安全机构对信息隐藏技术的研究也越来越多，各国政府也给予了持续的科研基金支持。

1.2　信息隐藏技术的主要分支

按照信息隐藏所使用的媒介来划分，信息隐藏技术可以分为图像信息隐藏技术、视频信息隐藏技术、音频信息隐藏技术、文本信息隐藏技术等不同类型，分别对应于所使用的不同数字媒介。图像是较为常用、具有代表性的一种多媒体形式。图像信息隐藏技术是信息隐藏技术中研究较为成熟、成果较为丰富的一种，本书主要介绍的是图像信息隐藏技术。按照是否可以完全地恢复原始载体，信息隐藏技术可以分为可逆信息隐藏技术[18-23]和非可逆信息隐藏技术[24-29]。前者不仅要求接收方能把被嵌入的数据正确提取出来，还要求可以完全恢复原始载体；后者仅要求被嵌入数据的正确提取，用于隐蔽通信的隐写技术[30]和用于版权保护的数字水印技术[31]均属于该类型。以上技术的侧重点有所不同：可逆信息隐藏技术主要关注原始载体的可逆性[32]；隐写技术主要关注数据嵌入后的不可感知性[33]，数字水印技术主要关注系统抵抗攻击的鲁棒性[34]。可逆信息隐藏是广受关注的一个研究方向，隐写和数字水印是信息隐藏的两大主要研究分支，虽然它们在嵌入思想和嵌入原理上有很多相似之处，但是在应用需求和性能侧重点等方面存在很多不同之处。

1.2.1　隐写技术

隐写技术是信息隐藏领域中研究历史较为悠久、研究成果较为丰富的研究分支，尤其在隐蔽通信等领域具有重要的研究意义和应用价值。古代的隐写技术更像是一门艺术，需要设计者进行巧妙的设计。随着信息技术、多媒体技术的不断发展，隐写技术逐渐从一门艺术发展成为一种非常实用的技术。现代隐写技术主要利用多媒体载体中的冗余，将秘密信息隐藏在公开传输的数字媒体中，以达到隐蔽通信的目的，其一般框架如图1-1所示。为了增加算法的安全性，信息隐藏者往往在数据嵌入和提取过程中采用密码学中的密钥。这里增加密钥的好处之一是可以达到类似于密码学中的"Kerchhoff 准则"，即第三方攻击者在获取嵌入算法以及隐写系统的其他知识但并未拥有密钥的前提下，仍然无法提取出秘密信息，甚至无法判断出秘密信息的存在性。秘密信息 W 在密钥 K 的作用下，利用嵌入算法隐藏到原始载体 I 中，形成含有秘密信息的含密载体。为了达到隐藏"正在传输"的目的，设计的嵌入算法必须保证含密载体在外观上与原始载体没有太大的区别。例如，如果选择的载体是图像，那么含密图像在人类的视觉上不能有太大变化；如果选择的载体是音频，那么含密音频在人类的听觉上不能有太大变化。由于含密载体嵌入前后与原始载体很难看出区别，因此可以通过公开信道进行传输，其间可能会受到信道中的噪声 N 的影响。拥有密钥 K 的接收方利用提取算法将秘密信息 W 正确提取出来。

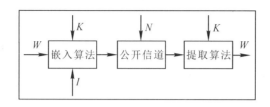

图 1-1　隐写系统框架示意图

图像隐写技术一直是隐写技术的研究热点之一。用于衡量隐写算法优劣的评价指标有很多，重要的有不可检测性、嵌入容量和鲁棒性三种。不可检测性主要指含密载体在人类感官上和数据统计上的不可检测性，一般通过含密载体与原始载体的相似程度来衡量，是最为重要的评价指标。大多数算法都可以实现含密载体在感官上与原始载体相比的不可检测性，但是若想让含密载体在数据统计上做到与原始载体难以区分，则需要嵌入算法在嵌入位置和嵌入方法上进行数据建模和分析。嵌入容量主要表示相同数据量的原始载体（例如图像中的一个像素）最多可以携带秘密信息的数据量。鲁棒性是指算法的抗攻击能力，这里的攻击可以是信道上数据处理带来的噪声或者第三方的恶意剪切攻击等。一般而言，嵌入容量越大，鲁棒性越高，算法的实用性越好。

1.2.2　隐写分析技术

隐写分析技术是隐写技术的对抗技术，专门用于检测多媒体数据中是否嵌入了秘密信息，甚至可以将秘密信息正确提取出来。隐写分析的主要目的包括：

（1）判断载体中秘密信息的存在性。

（2）估计秘密信息的长度并提取秘密信息。

（3）删除或者破坏秘密信息。

前两者属于被动隐写分析，后者属于主动隐写分析。

从是否针对专门隐写方法来划分，隐写分析大致可以分为两大类：专用隐写分析和通用隐写分析。专用隐写分析是指针对某一种或者某一类隐写技术的嵌入原理和嵌入特点，有针对性地进行统计分析的一类隐写分析方法。通用隐写分析也可以称为盲隐写分析，是直接从多媒体数据特点出发进行统计建模或者模式识别，不针对特定的隐写方法和具体的隐写算法的隐写分析方法。从隐写分析的准确率等检测效果来说，由于一般专用隐写分析更具有针对性，因此具有更好的检测准确性。然而，专用隐写分析需要假设或者预判出对方采用的隐写方法，因此在算法实用性上远远比不上通用隐写分析。

从实现原理上来划分，隐写分析主要分为基于统计的隐写分析和基于机器学习的隐写分析。基于统计的隐写分析主要通过分析含密载体在统计特征上与原始载体的差异来判断是否嵌入了秘密信息。基于机器学习的隐写分析主要通过提取特征和分类器判别两个步骤来实现隐写检测。随着深度学习技术的不断发展，基于机器学习的隐写分析与深度学习进行有机结合，逐渐成为当前较为主流的一种隐写分析方法。

隐写分析技术一方面可以用来判断可疑数字媒体中秘密信息的存在性，有效防止隐写技术被不法分子利用；另一方面可以揭示现有隐写技术的安全问题，促使产生具有更高安全性的隐写算法，推动隐写技术的发展。类似密码编码学和密码分析学之间的关系，隐写技术和隐写分析技术之间是相互对立但又相互促进的关系。隐写技术的不断发展促使新的隐写分析算法的产生，更高检测性能的隐写分析算法的出现又对隐写算法的安全性提出了更高的要求。

1.2.3 数字水印技术

数字水印技术将版权信息、认证信息等特殊信息以可见或者不可见的方式嵌入到多媒体载体中，主要起版权保护等作用。数字水印技术和隐写技术是信息隐藏技术的两大主要分支，两者在嵌入原理和基本模型方面有许多相似之处，但是在应用场景和性能侧重点等方面具有较大差异。相对而言，国家安全部门和军队安全部门等特殊部门对于隐写技术的应用需求更加迫切，而民用方面、商业领域对于数字水印技术的应用需求更加旺盛。隐写技术重在隐藏秘密信息"正在传输"这一事实，因此更加注重算法的不可检测性；数字水印技术重在保护被嵌入数据的多媒体信息，因此更加注重算法的鲁棒性。一般而言，隐写技术中待嵌入信息与被嵌入的多媒体载体没有关系，而数字水印技术中两者之间是有关系的，大多数情况下待嵌入信息是被嵌入载体的版权信息、认证信息等。例如，将图像所有者的版权信息以可见水印的方式嵌入到载体图像中，实现图像版权保护。此外，隐写技术一般是一对一的，发送者将含密载体发送给特定接收者，而数字水印技术一般是一对多的，多个接收方都可以通过提取水印验证发送者的版权信息。

数字水印技术根据应用需求的不同大致可以分为鲁棒水印、脆弱水印、半脆弱水印等不同类型。其中，鲁棒水印主要用于数字媒体版权保护和防伪等应用场景，该类水印通过鲁棒性较强的算法将版权信息等嵌入到数字媒体中，即使受到有损压缩、剪切、滤波等各种形式的"攻击"，仍然能检测到版权信息的存在，从而达到版权保护的目的。这里所谓的鲁棒性，是指信息经过攻击后仍能检测或者恢复的能力。鲁棒水印对数据嵌入量要求相对较低，主要侧重于算法的鲁棒性。脆弱水印也被称作易损性水印，主要用于篡改认证等应用场景。该类水印是通过易损性较强的算法将认证信息等嵌入到数字媒体中，在通过篡改等修改操作使得原始媒体信息产生变化后仍然可以通过水印检测出这种变化。与鲁棒水印类似，脆弱水印对数据嵌入量要求相对较低，主要侧重于算法的易损性。除了常见的鲁棒水印和脆弱水印之外，还有介于两者之间的半脆弱水印，用于隐蔽通信的标识型水印等类型。

根据水印是否可见进行划分，数字水印技术还可以分为可见水印和不可见水印两大类。

1.2.4 可逆信息隐藏技术

非可逆信息隐藏技术在实施数据嵌入操作时，对载体数据的修改是不可逆的，会造成载体数据的永久失真，这在某些对原始载体失真较为敏感的特定领域中，以及需要无失真恢复原始载体的应用场合中是无法接受的[35]。可逆信息隐藏技术在保障军事等特定领域中数据的安全性、完整性等方面具有巨大的应用需求。

可逆信息隐藏技术主要侧重点在于算法的可逆性。可逆信息隐藏技术中的原始载体可以是视频[36]、图像[37]、文本[38]、音频[39]等任意类型的多媒体数据。图像是其中最常见的一种多媒体类型，广泛应用于各个领域。图像可逆信息隐藏技术是可逆信息隐藏技术中研究最早、成果最为丰富的研究方向，同时也为视频、音频等其他多媒体可逆信息隐藏技术的研究提供了基础。当前，图像可逆信息隐藏技术还存在嵌入量受限、嵌入后图像质量较低等问题，尚不能完全满足日益增长的应用需求，还存在许多亟待解决的技术难题。因此，该领域属于信息隐藏领域中近年来的一个研究热点方向。

1.3　本章小结

本章主要介绍了信息隐藏技术的产生背景和发展历史，并对其主要分支进行了简要介绍。网络空间安全是国家和军队建设发展的安全基石，信息隐藏是网络空间安全领域重要的研究方向之一。与密码技术相比，信息隐藏技术具有许多无法替代的特点和优势，目前已经得到了产业界和学术界的广泛关注。按照应用场景划分，信息隐藏技术主要包括隐写技术、数字水印技术和较为特殊的可逆信息隐藏技术。可逆信息隐藏技术因其可以在正确提取秘密信息的同时完全无失真地恢复原始载体信息，在对载体失真较为敏感的应用场景中具有重要的应用需求和实践价值。

表1-1列出了三种信息隐藏技术的主要区别。

表1-1　三种信息隐藏技术的主要区别

区别项目	隐写技术	数字水印技术	可逆信息隐藏技术
主要应用场景	隐蔽通信	版权保护	对载体失真较为敏感的场合
主要侧重点	不可感知性	鲁棒性	可逆性
是否可以恢复载体	否	否	是
待嵌入信息与载体是否有关	一般无关	有关	都可以
待嵌入信息是否可见	不可见	都可以	都可以

本章通过介绍信息隐藏的相关知识，为后续章节关于图像可逆信息隐藏相关原理和算法的介绍奠定了坚实的基础。

本章参考文献

[1]　卿斯汉. 密码学与计算机网络安全[M]. 北京：清华大学出版社，2001.

[2]　杨义先，钮心忻. 应用密码学[M]. 北京：北京邮电大学出版社，2005.

[3]　易开祥，孙鑫，石教英. 一种基于混沌序列的图像加密算法[J]. 计算机辅助设计与图形学学报，2000，12(009)：672-676.

[4]　朱桂斌，曹长修，胡中豫，等. 基于仿射变换的数字图像置乱加密算法[J]. 计算机辅助设计与图形学学报，2003，15(6)：711-715.

[5]　苏佩良. 信息隐藏与数字水印[M]. 北京：北京邮电大学出版社，2004.

[6]　刘振华，尹萍. 信息隐藏技术及其应用[M]. 北京：科学出版社，2002.

[7]　汪小帆. 信息隐藏技术：方法与应用[M]. 北京：机械工业出版社，2001.

[8]　王丽娜，郭迟，李鹏. 信息隐藏技术实验教程[M]. 武汉：武汉大学出版社，2004.

[9] QIU P F, LYU Y Q, ZHANG J L, et al. Control flow integrity based on lightweight encryption architecture[J]. IEEE Transactions on Computer-Aided Design of Integrated Circuits and Systems, 2018, 37(7): 1358-1369.

[10] LAI C, CHEN W, YANG L, et al. LSTM and edge computing for big data feature recognition of industrial electrical equipment[J]. IEEE Transactions on Industrial Informatics, 2019, 15(4): 2469-2477.

[11] GUO S, LIU J, YANG Y, et al. Energy-efficient dynamic computation offloading and cooperative task scheduling in mobile cloud computing[J]. IEEE Transactions on Mobile Computing, 2019, 18(2): 319-333.

[12] AURELL E. Global estimates of errors in quantum computation by the feynman-vernon formalism[J]. Journal of Statistical Physics, 2018, 171(5): 745-767.

[13] QIN X, LI B, TAN S, et al. A novel steganography for spatial color images based on pixel vector cost[J]. IEEE Access, 2019, 7: 8834-8846.

[14] LIANG Y, DA X, XU R, et al. Design of constellation precoding in MP-WFRFT based system for covert communications[J]. Journal of Huazhong University of Science & Technology, 2018, 46(2): 72-78.

[15] KRTALIC A, BAJIC M. Development of the TIRAMISU advanced intelligence decision support system[J]. European Journal of Remote Sensing 52, 2019, 52(1): 40-55.

[16] FAN L, WEI Y, DOU A, et al. A survey on big data market: pricing, trading and protection[J]. IEEE Access, 2018, 6: 15132-15154.

[17] XI T, DONG M, CHENG W, et al. An energy-efficient ECC processor of UHF RFID tag for banknote anti-counterfeiting[J]. IEEE Access, 2017, 5: 3044-3054.

[18] 林飞鹏. 基于差值自适应的大容量可逆信息隐藏研究[D]. 大连: 大连理工大学, 2017.

[19] 王辉. 面向多应用场景的加密图像可逆信息隐藏方法研究[D]. 合肥: 中国科学技术大学, 2017.

[20] 蒋瑞琪. 三维网络模型可逆信息隐藏理论与方法研究[D]. 合肥: 中国科学技术大学, 2017.

[21] 王天祺. 低比特率增长的可逆视频信息隐藏算法[D]. 成都: 西南交通大学, 2017.

[22] 周浩. 基于同态加密机制的密文域图像可逆信息隐藏算法研究[D]. 兰州: 兰州理工大学, 2016.

[23] GOLABI S, HELFROUSH M, DANYALI H. Non-unit mapped radial moments platform for robust, geometric invariant image watermarking and reversible data hiding[J]. Information Sciences, 2018, 447: 104-116.

[24] 张建军. 基于文本集常见词的无载体信息隐藏技术研究[D]. 长沙: 湖南大学, 2018.

[25] WEN S, JING Q, JIA Y, et al. Enabling identity-based integrity auditing and data sharing with sensitive information hiding for secure cloud storage[J]. IEEE

Transactions on Information Forensics and Security, 2019, 14(2): 331-346.

[26] 李扬, 樊养余, 郝重阳. 基于图像二级置乱的信息隐藏技术[J]. 中国图象图形学报, 2018, 11(8): 1088-1091.

[27] 黄殿中, 张静飞, 张茹, 等. 基于大数据环境的多模态信息隐藏新体系[J]. 电子学报, 2017, 45(2): 477-484.

[28] 左力文, 骆挺, 蒋刚毅, 等. 结合恰可察觉编码失真模型的 HEVC 大容量信息隐藏方法[J]. 中国图象图形学报, 2017, 22(4): 443-451.

[29] 张淞. 基于图像的信息隐写与分析技术研究[D]. 成都: 电子科技大学, 2016.

[30] MSTAFA R, ELLEITHY K. Compressed and raw video steganography techniques: a comprehensive survey and analysis[J]. Multimedia Tools & Applications, 2017, 76(20): 21749-21786.

[31] CHEN Z, LI L, PENG H, et al. A novel digital watermarking based on general non-negative matrix factorization[J]. IEEE Transactions on Multimedia, 2018, 20(8): 1973-1986.

[32] NGUYEN T, CHANG C, SHIH T. Effective reversible image steganography based on rhombus prediction and local complexity[J]. Multimedia Tools & Applications, 2018, 77(14): 1-19.

[33] RAJALAKSHMI K, MAHESH K. Robust secure video steganography using reversible patch-wise code-based embedding[J]. Multimedia Tools and Applications, 2018, 77(20): 27427-27445.

[34] 党明均. 基于盲提取的数字彩色图像鲁棒性水印算法研究[D]. 成都: 西南交通大学, 2017.

[35] 万岭岭. 基于图像的高容量可逆信息隐藏算法研究[D]. 成都: 西南交通大学, 2016.

[36] KUMAR P, SINGH K. An improved data-hiding approach using skin-tone detection for video steganography[J]. Multimedia Tools and Applications, 2018, 77(18): 24247-24268.

[37] LIN Z, PENG F, LONG M. A low distortion reversible watermarking for 2D engineering graphics based on region nesting[J]. IEEE Transactions on Information Forensics and Security, 2018, 13(9): 2372-2382.

[38] YI L, LIU Y. Text Coverless Information Hiding Based on Word2vec[J]. Journal of Internet Technology, 2018, 19(3): 649-655.

[39] HU H, CHANG J, LIN S. Synchronous blind audio watermarking via shape configuration of sorted LWT coefficient magnitudes[J]. Signal Processing, 2018, 147: 190-202.

第二章　图像可逆信息隐藏技术概述

2.1　图像可逆信息隐藏的基本概念

可逆信息隐藏(Reversible Data Hiding，RDH)中"可逆"的概念与"无损"类似，在应用场景上与数字水印相似，因此在很多文献中也称可逆隐藏为无损信息隐藏[1](Lossless Data Hiding，LDH)、无损数字水印[2](Lossless Watermarking，LW)以及可逆数字水印[3](Reversible Watermarking，RW)等。为简化，在后续章节中，统一使用可逆隐藏或者RDH来表示可逆信息隐藏。

可逆隐藏的概念最早出现在 1997 年 Barton 申请的专利[4]中，该专利通过对数字化数据(未特指图像等多媒体形式)进行信息嵌入的方式，提出了一种数字认证方法。经过二十多年的发展，可逆隐藏已经发展成方法较为成熟、应用较为广泛的多学科交叉技术。随着移动互联网、社交网络、多媒体等技术的发展，面向多媒体安全的可逆隐藏技术逐渐成为研究热点。按照面向多媒体的类型，当前的可逆隐藏技术可以划分为图像可逆隐藏技术[5]、视频可逆隐藏技术[6]、音频可逆隐藏技术[7]、文本可逆隐藏技术[8]、三维网络模型可逆隐藏技术[9]等。本书仅研究图像可逆隐藏技术，其余类型的可逆隐藏技术不再赘述。

2.2　图像可逆信息隐藏的基本模型

图像可逆隐藏的基本模型如图 2-1 所示，主要由图像拥有者、信息隐藏者以及接收方三部分组成。其中，图像拥有者是载体图像的拥有方，根据需要可以在嵌入秘密信息之前进行预处理操作；信息隐藏者是数据嵌入的执行方，根据数据嵌入算法将载体图像转换为载密图像，根据嵌入算法的不同，有时需要使用嵌入密钥；接收方是数据提取和图像恢复的执行方，根据数据提取算法和提取密钥(根据算法不同，有时不需要，有时与嵌入密钥相同)进行数据提取操作，以得到提取数据，并根据图像恢复算法进行图像恢复操作，以得到恢复图像。其中，负责将载密图像传输给接收方的主体称作发送方，图像拥有者和信息隐藏者均可以作为发送方。由于图像拥有者也可以作为信息隐藏的执行者，因此图像拥有者和信息隐藏者有时可以是同一主体。该模型涉及的主要专业术语及相关介绍如表 2-1 所示。

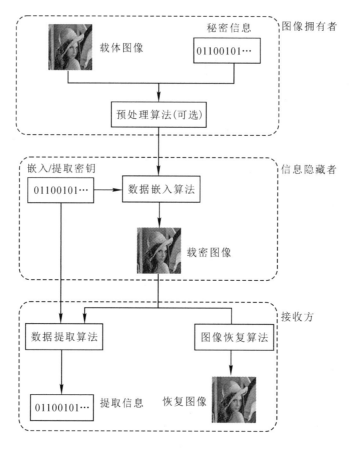

图 2-1　图像可逆隐藏的基本模型

表 2-1　可逆隐藏的主要术语

名称	含义	备注
图像拥有者	载体图像的拥有方	—
信息隐藏者	数据嵌入的执行方	有时由图像拥有者担任
接收方	数据提取和图像恢复的执行方	—
载体图像	未经数据嵌入的图像	—
载密图像	载体图像经过数据嵌入后得到的图像	—
恢复图像	载密图像经过数据提取后得到的图像	与载体图像相同
预处理算法	为信息隐藏提供预处理操作的算法	可选,大部分情况不需要
数据嵌入算法	对载体图像执行数据嵌入的算法	—
数据提取算法	对载密图像执行数据提取的算法	—
图像恢复算法	对载密图像执行图像恢复的算法	—
秘密信息	待嵌入信息,一般是二进制串的形式	—
提取信息	对秘密信息进行提取还原的结果	一般与秘密信息相同
嵌入/提取密钥	数据嵌入或者提取需要的密钥	可选,大部分情况不需要

　　图像可逆隐藏领域中，载体图像可以是未经处理的普通图像，也可以是经过图像压缩、图像加密等操作处理过的特殊图像。根据图像类型分类，现有的图像可逆隐藏主要分为空间域可逆隐藏、压缩域可逆隐藏和加密域可逆隐藏。空间域可逆隐藏面向未经压缩、加密等操作处理过的一般图像，直接基于像素空间进行嵌入操作。压缩域可逆隐藏和加密域可逆隐藏分别面向经过图像压缩后的压缩图像和经过图像加密后的密文图像（也称作加密图像）。

2.3　图像可逆信息隐藏的研究现状

　　目前，按嵌入原理划分，基于数字图像的可逆信息隐藏算法可以分为空间域算法、压缩域算法、加密域算法等类型。

2.3.1　空间域算法

　　空间域可逆隐藏是直接在图像像素组成的图像空间上进行嵌入操作的可逆隐藏类型。相比于图像的其他作用域，空间域中存在的冗余信息最为丰富，数据嵌入的难度最小，因此早期的图像可逆隐藏大多数是面向空间域的。经过二十多年的发展，空间域图像可逆隐藏算法目前有基于无损压缩（Lossless Compression，LC）的算法[10]、基于差值扩展（Difference Expansion，DE）的算法[11]、基于直方图平移（Histogram Shifting，HS）的算法[12]等三个主要类型。

1. 基于无损压缩的算法

　　基于无损压缩的算法将载体图像进行无损压缩，然后将待嵌入的数据嵌入到压缩后的冗余空间中。文献[13]中提出的方法是该类算法中较为典型的例子，该方法选择二值图像压缩编码算法（Joint Bit-level Image Experts Group，JBIG）[14]选择特定位平面进行图像压缩。首先从最低位平面开始，根据位平面压缩后原始像素数与压缩后数据比特数的差值确定用于图像压缩的位平面组合，确定出满足嵌入要求的最低位平面组合压缩，然后将128 bit 的哈希函数值嵌入到压缩后的位平面空间，达到图像完整性认证的目的。另一个具有代表性的方法出现在文献[15]中，该方法同样基于位平面无损压缩原理，在嵌入方式上选择最低有效位方法，选择载体图像中易受嵌入失真影响的信号部分进行压缩，将压缩描述作为有效载荷的一部分进行图像传输，并基于条件熵编码器将载体图像中的不变部分作为边信息以提高压缩效率。类似的方法还有文献[16]中提出的无损认证水印算法，该算法允许在恢复载体图像之前验证水印图像。此外，文献[17]、[18]等早期的图像空间域可逆隐藏算法大多数是基于无损压缩的，其嵌入性能主要取决于所使用的无损压缩算法以及所选择的图像特征，数据嵌入的容量上限为图像无损压缩前后的数据量之差。该类算法具有设计原理简单、计算复杂度较低、容易工程实现等优点，缺点在于受压缩效率的制约，嵌入容量一般较小。

2. 基于差值扩展的算法

　　为解决无损压缩类算法嵌入容量不足的问题，Tian 在文献[19]中提出第一个基于差值扩展的算法，并成为十多年来图像可逆隐藏的主要研究方向之一（截至 2019 年 3 月，该文献在谷歌学术搜索中的引用次数已超过 2500 次)。文献[19]提出的算法与之前算法的主要区别在于在像素差值上进行嵌入而不是直接在像素值上嵌入。发送方首先计算像素对的平均值和差值，然后利用待嵌入信息，通过扩展方式得到新的差值，并基于新差值和原平均值计算载密图像的像素对。接收方不仅可以基于载密像素对差值的最低有效位直接进行数据提取，还可以通过载密像素对的平均值和差值进行图像无损恢复。此外，该文献还提出定位图方法，用于记录选取位置，以解决像素溢出问题，这种定位图标记的方法目前也在图像可逆隐藏领域中得到了广泛应用。

基于差值扩展的算法及扩展方法主要分为三大类。第一类算法是从改进整数变换的角度，将小波变换转换成其他整数变换。文献[19]的算法本质上是基于整数 Haar 小波变换[20]进行嵌入，而整数 Haar 小波变换仅仅是诸多整数变换方法的一种，可以扩展到广义的整数变换方法。文献[21]~[25]等提出的算法均通过设计新的整数变换角度改进算法性能。第二类算法是从改进差值类型的角度，将像素差值转换成预测差值。由于预测差值在挖掘图像空间域冗余方面与像素差值相比优势较为明显，因而该类算法也是三类算法中效果最好、成果最多、意义最重要的一种[26-31]。Thodi 等[32]最早提出了基于预测差值的差值扩展图像可逆隐藏算法，虽然有时将预测差值扩展(Prediction Error Expansion，PEE)方法单独列为空间域算法的一种，但是其本质上仍属于差值扩展方法的改进版本。在 PEE 方法中，数据嵌入分为像素值预测和预测误差值扩展两个步骤。在发送方，首先根据预测算法计算出当前像素值的预测值，然后计算当前像素值的预测误差值，并利用待嵌入信息，通过扩展方式得到新的预测误差值，并基于新的误差值计算新的载密图像像素值。接收方通过同样的预测算法可以计算出当前像素值的预测值(与发送方计算的结果相同)，然后通过载密像素值得到预测误差值，不仅可以基于最低有效位直接进行数据提取，还可以基于当前预测值进行图像无损恢复。第三类算法是从改进嵌入位置选择方法的角度，将按顺序嵌入转换成自适应选择位置嵌入。文献[33]提出的算法是第一个自适应可逆隐藏算法，根据数据嵌入前的局部方差对像素对进行排序操作，并根据新的位置顺序进行数据嵌入。类似的自适应算法还有基于改进排序算法、改进像素选择方法等算法，相关文献包括[34]~[36]等。

综上所述，基于差值扩展的算法是研究较成熟、成果较丰富、影响较大的一类算法。该类算法与无损压缩类算法相比具有较高的嵌入容量(嵌入容量一般可以达到 0.5~1 b/p)，具有设计巧妙、嵌入容量较大的特点。然而，由于差值扩展类算法难以控制每个像素值的最大修改幅度，因此容易出现嵌入失真较大的问题。此外，现有图像预测算法的预测精度有限，还无法充分利用图像像素值之间的冗余，因此差值扩展类算法在嵌入性能，尤其是载密图像嵌入失真方面还存在着较大的缺陷。

3. 基于直方图平移的算法

基于直方图平移的算法首先根据像素值高维空间和图像冗余构建直方图，然后利用修改图像直方图的方式进行数据嵌入，是另一种广泛应用的空间域算法。第一个直方图平移类算法由 Ni 等[37]提出，该算法直接统计载体图像的像素直方图，并基于直方图零值点和峰值点进行直方图修改和数据嵌入，并在理论上证明该类算法可以确保载密图像的 PSNR 值不小于 48 dB。Ni 等提出的算法还存在较大的提升空间，十多年来涌现出了大量改进算法及扩展方法，其中性能提升较为明显的一种是将直方图平移方法(HS)和预测误差扩展方法(PEE)进行结合的 PEE-HS 方法,见文献[38]、[39]等。

PEE-HS 方法主要由直方图生成和直方图修改两个环节构成,因此基于 PEE-HS 的改进算法主要有两大类。第一类从改进预测算法预测性能的角度出发,构建分布函数曲线更为尖锐的直方图。例如,文献[40]提出的基于菱形预测器的可逆算法,利用中心像素周围的四个相邻像素值的取整平均值作为当前像素的预测值来提高预测精度。类似的算法还有基于图像插值的预测方法[41]、基于图像修复技术的预测方法[42]、基于像素值排序的预测方法[43]、基于局部预测器的预测方法[44]等。第二类从优化直方图条柱选择方法的角度出发,改进直方图自适应修改策略。例如,文献[45]提出双阈值直方图修改策略,设计嵌入阈值和波动阈值,在同时满足两个阈值时进行直方图修改,提高了载密图像的峰值信噪比;文献[46]在嵌入阈值和波动阈值的基础上增加直方图左侧和直方图右侧两个阈值以约束直方图修改策略,图像直方图向中心收缩不仅避免了像素值溢出,也进一步提高了嵌入性能;文献[47]提出的率失真模型可以利用多个不同的直方图条柱对进行多层直方图平移,并基于遗传算法等优化方法进行直方图选择;文献[48]提出的二维直方图方法和文献[49]提出的多维直方图方法通过灵活选择每个信道的峰值,根据每个像素的上下文计算复杂度,将具有给定复杂度的像素集中在一起以生成新的预测直方图,并根据图像内容自适应地选择扩展条柱,从而使嵌入失真最小化。

综上所述,基于直方图平移的算法是当前性能最为稳定、研究成果最为丰富的一类算法。该类算法与无损压缩类算法相比具有更好的嵌入容量,与差值扩展类算法相比具有更好的率失真性能,与预测误差扩展相结合的 PEE-HS 方法是当前研究的重点方向。

值得注意的是,除了 LC、DE、HS 三大类算法之外,近些年以来图像空间域可逆隐藏领域还涌现出了一些其他类型的算法。例如文献[50]提出的基于码分多址的图像可逆隐藏算法,利用沃尔什·哈达玛矩阵生成正交扩频序列,使数据在不相互干扰的情况下多层重复嵌入,并利用多级数据嵌入来扩大嵌入能力。此外,在多层重复嵌入的情况下,不同扩展序列的大部分元素都会相互抵消,即使嵌入量很高,也能保持图像的良好质量。文献[51]提出的算法将码分多址技术与频分多址技术相结合,将待嵌入信息转化为并行码流以提高嵌入容量。文献[52]等针对图像空间域可逆隐藏的嵌入容量界限等理论问题进行研究。总之,空间域算法是图像可逆隐藏领域中较为成熟的研究方向,直方图平移等算法是当前研究的热点方向。

2.3.2　压缩域算法

目前网络上广泛使用的数字图像往往都是压缩格式的,基于压缩域的图像可逆信息隐藏方法更加具有实用性。图像压缩的实质是将图像数据存在的空间冗余等冗余信息进行舍弃,主要是压缩冗余信息。因此,相比于图像空间域,图像压缩域中存在的冗余信息明显减少,数据嵌入的难度急剧增大。此外,图像压缩的目的是尽可能地减小压缩图像的文件大小(主要指文件存储大小),以提高图像传输或者存储的效率。如果经过信息隐藏后压缩图像的文件大小急剧增大,会影响文件压缩率,使得信息隐藏操作的实用性大大降低。因此,除了载密图像质量、嵌入容量等空间域算法指标外,压缩率变化或者文件大小也是衡量压缩域图像可逆隐藏算法优劣的重要指标。

图像压缩域可逆隐藏根据图像类型的不同分为面向 JPEG(Joint Photographic Experts

Group)图像的算法[53]、针对矢量量化压缩图像的算法[54]、基于块截断编码压缩图像的算法[55]、基于 JPEG2000 压缩图像的算法[56]等。目前图像压缩域可逆隐藏主要指面向 JPEG 图像的,本书中的压缩域可逆隐藏研究也是针对该研究方向的。JPEG 压缩的主要步骤包括 DCT 变换、量化(基于量化表)、熵编码(基于霍夫曼码表)等。面向 JPEG 图像的压缩域可逆隐藏算法按照嵌入原理主要分为基于量化表修改的算法[57]、基于霍夫曼编码表修改的算法[58]以及基于量化 DCT 系数修改的算法[59]三大类,分别对应于 JPEG 压缩的三个主要步骤。

1. 基于量化表修改的算法

量化表是指存储在 JPEG 文件中的用于量化和反量化的系数矩阵,一般由 JPEG 压缩标准制定。基于量化表修改的 JPEG 可逆隐藏算法最早由 Fridrich[57]提出,其主要原理是根据待嵌入秘密信息的取值对 JPEG 文件的量化表系数进行修改。在 Fridrich 的算法中,若当前的量化步长为偶数,则将该量化步长减半,把对应位置的 DCT 系数值加倍,并将秘密信息嵌入到该系数的最低有效位。Chang 等[60]提出的算法同样进行了量化表修改操作,在嵌入秘密信息的同时通过量化表修改的方式提高载密图像的图像质量,但是嵌入容量较低。文献[61]在此基础上设计的双层嵌入方案充分挖掘 Chang 等算法中未使用的区域,进一步提高了嵌入性能。此外,Chen 等[62]提出的基于压缩码流的算法将载体图像的 JPEG 压缩码流作为载体。该算法首先计算一个 8×8 大小的隐藏容量矩阵,用于修改载体图像的量化表,然后将每个块的 DCT 系数通过两个量化表(修改前的和修改后的)映射到较大的 DCT 系数上,并通过较大的 DCT 系数隐藏秘密信息。该算法虽然在嵌入容量和图像质量方面取得了较大提升,但对压缩率的影响较为明显。在 Wang 等[63]提出的算法中,量化表的一些元素被一个整数除尽,相应的量化 DCT 系数乘以相同的整数,再加上一个调整值,为数据的嵌入留出空间,通过分析每一个量化的 DCT 系数对图像质量的影响,选择一个嵌入序列,以帮助控制隐藏数据后压缩文件大小的增加。

基于量化表修改的算法属于 JPEG 图像可逆隐藏领域较为早期的研究方向,设计巧妙、算法简洁,但是在嵌入容量和压缩率控制等方面存在许多缺陷。JPEG 载体图像使用的量化表均由 JPEG 压缩标准制定,在平衡图像质量和压缩率方面取得了较好的折中,因此通过修改原始量化表进行信息隐藏的方法在 JPEG 图像实用性方面存在一定不足。

2. 基于霍夫曼编码表修改的算法

霍夫曼编码是 JPEG 压缩过程中熵编码环节中的编码方式。霍夫曼编码表是 JPEG 压缩在熵编码环节使用的编码表,一般由 JPEG 压缩标准制定。JPEG 标准中给出了四种标准霍夫曼编码表,分别为亮度交流系数霍夫曼编码表、亮度直流系数霍夫曼编码表、色度交流系数霍夫曼编码表、色度直流系数霍夫曼编码表。基于霍夫曼编码表修改的算法与基于量化表修改的算法较为类似,秘密信息通过修改霍夫曼编码表或者编码映射关系的方式嵌入到 JPEG 压缩文件中。

文献[64]提出的基于编码映射的 JPEG 可逆隐藏算法直接将秘密信息嵌入到 JPEG 图像的二进制码流中,以解决接收方无法获取压缩前图像的问题。在该算法中,数据嵌入是通过将载体图像使用的霍夫曼编码映射到未使用的可变字长编码(Variable Length Coding,VLC)中来实现的,最终得到的压缩文件在某些情况下不仅保持不变还可能减小。

文献[65]提出了一种利用哈夫曼编码映射将秘密数据嵌入 JPEG 码流的方法,文献[66]对此进行了改进。虽然 JPEG 编码为交流系数定义了 162 种不同的 VLC 码,但许多编码在图像压缩期间并没有被使用。两个算法的基本流程相似,首先,根据载体图像使用 VLC 码的统计结果,将未使用的码字映射到已使用的码字中。然后,通过修改文件头中定义的霍夫曼编码值来进行编码映射,根据秘密信息取值将 JPEG 码流中出现的码字替换为新的映射码。此外,该类算法中很具有代表性的还有 Wu 等[67]提出的零水印可逆隐藏方案。该方案根据秘密信息同步修改 JPEG 载体图像的霍夫曼编码和原始 JPEG 码流,而不修改 DCT 量化系数,并适用于任何使用优化霍夫曼编码表进行压缩的 JPEG 码流。

基于霍夫曼编码表修改的上述算法虽然在图像质量、压缩率控制等方面取得了较好的嵌入性能,但是均存在嵌入容量有限的问题,仅适用于低嵌入量的应用场景。

3. 基于 DCT 系数修改的算法

载体图像经过 DCT 变换和量化步骤得到的量化 DCT 系数仍存在可以用来信息嵌入的空间冗余,基于 DCT 系数修改的算法主要是通过修改量化 DCT 系数来实现数据嵌入的。该类算法是目前 JPEG 图像可逆隐藏领域中最主流也是效果最好的算法。第一个基于 DCT 系数修改的算法由 Fridrich 等[68]提出,该算法基于最低有效比特位平面压缩方法,借鉴空间域无损压缩类算法,将选取的 DCT 系数最低有效位进行无损压缩以预留数据嵌入空间,算法嵌入容量较为有限。

基于 DCT 系数修改的算法根据嵌入原理可以分为优化系数选择的区域、优化选择的系数值类型、优化系数修改的方式等不同类型。优化系数选择的区域选择更适合数据嵌入的系数区域进行系数修改。Xuan 等[69]增加了直方图对的使用,将 DCT 系数划分为可用区域、嵌入区域、平移区域等不同区域,并选取中频系数、低频系数等最佳区域,结合直方图的阈值优化操作提高嵌入性能。文献[70]的改进算法利用相邻块的直流系数来判断 DCT系数块是否位于图像的光滑区域,避免在图像噪声部分进行数据嵌入。Li 等[71]提出的算法首先选取满足特定频率的 DCT 系数区域,然后在特定系数上嵌入数据,以尽可能地降低嵌入带来的载体失真。优化选择的系数值类型选择更适合数据嵌入的系数值进行系数修改。文献[72]选择 0、1、2 等取值较小的系数值进行修改,采用基于拉格朗日公式的迭代算法,计算每个系数块在标准量化表下的质量因子,并基于率失真理论试图将编码失真最小化。文献[73]提出的算法仅适用系数 0,相比于使用非零系数的算法,该算法显著降低了载密图像的失真程度,但该文献未对嵌入操作对于压缩率的影响程度进行讨论。优化系数修改的方式是当前基于 DCT 系数修改的 JPEG 可逆隐藏算法的主流方向。文献[74]从JPEG 编码器的基本原理以及 DCT 系数的统计特性出发,提出了基于直方图平移技术的JPEG 压缩域算法,利用系数直方图中的两个峰值条柱进行扩展嵌入,并采取自适应块选择策略优化系数选择方式。

基于量化 DCT 系数修改的 JPEG 可逆隐藏算法可以在嵌入容量、图像质量等嵌入指标方面达到较好的平衡,在控制压缩率方面相比于其他类型算法更具有优势,因此这类算法是目前研究的主要方向。

当前,除了基于量化表修改的算法、基于霍夫曼编码表修改的算法、基于量化 DCT 系数修改的算法等三大类算法之外,还出现了一些其他值得借鉴的方法,例如基于辅助数据构造的方法[75]、基于动态填充策略的方法[76]等。由于 JPEG 压缩的特殊性，无法直接将直方图平移等空间域算法应用到 JPEG 压缩域，且在压缩率等评价指标上与空间域算法相比存在较大差异。

2.3.3　加密域算法

图像加密域可逆隐藏也被称为密文域可逆隐藏，面向密文图像，主要用于密文图像管理等。与其他作用域可逆隐藏相类似的是，加密域可逆隐藏主要利用图像数据的冗余信息。加密域可逆隐藏最为广泛的一种分类方法是根据冗余的类型进行划分，可以分为基于加密前冗余（Vacating Room Before Encryption，VRBE）的算法、基于加密后冗余（Vacating Room After Encryption，VRAE）的算法以及基于加密过程冗余（Vacating Room In Encrypt-process，VRIE）的算法三大类。

1. VRBE 算法

VRBE 算法在图像加密之前进行预处理操作，相当于在明文域提前为数据嵌入预留出冗余空间。

按照预留冗余空间的方式，VRBE 算法主要分为基于空间域压缩处理的方法、基于特殊加密方案设计的方法、基于同态加密特性的方法等。基于空间域压缩处理的方法在图像加密之前进行压缩处理，将压缩出的明文冗余空间预留到加密域用于数据嵌入。文献[77]第一次提出 VRBE 的概念，在图像加密之前选择部分候选像素，将这些像素的最低有效位信息通过空间域无损压缩的方式嵌入到其他像素中，以预留出嵌入空间，图像加密后直接在候选像素上进行数据嵌入将不影响图像无损恢复和数据提取。然而，基于空间域压缩处理的方法的最大缺陷是数据嵌入容量有限，仅适合部分低嵌入量的应用场合。基于特殊加密方案设计的方法在设计数据嵌入和提取算法的同时根据可逆隐藏的需要改造加密算法的形式，采取的是信息隐藏和加密技术相结合的方式。文献[78]首先把载体图像划分为候选像素和剩余像素，利用剩余像素对候选像素进行估计得到预测误差，然后设计了一种特殊的加密方案对预测误差进行加密，剩余像素用 AES（Advanced Encryption Standard）算法[79-80]进行加密。通过改变预测误差的加密直方图嵌入秘密信息，而不是直接将数据嵌入到密文图像中。该类方法虽然嵌入性能有所提高，但存在图像加密算法安全性下降的问题。基于同态加密特性的方法利用同态加密算法的同态特性进行预处理操作。同态加密算法的同态特性是指在明文域进行加法等操作相当于在加密域进行操作。文献[81]将空间域算法中的差值扩展与 Paillier 加密算法[82]中的加法同态特性相结合，在图像加密之前基于差值扩展进行预处理，然后利用 Paillier 算法进行图像加密，最后在密文域基于加法同态进行数据嵌入。其他基于同态特性的改进算法还包括文献[83]～[85]等，这类算法在嵌入容量、可分离性等方面可以取得较好效果，但是存在密文扩展较大的问题。此外，近年来还出现了基于稀疏编码[86]的方法等其他类型的 VRBE 算法。

综上所述，VRBE 算法思路较为简单，可以直接移植一些空间域可逆隐藏算法，算法性能相对较好，但是要求加密之前执行预处理操作，嵌入流程先后次序较为固定，因此应用场景十分有限。

2. VRAE 算法

VRAE 算法在图像加密之前不进行任何预处理操作，而在图像加密之后利用图像冗余进行数据嵌入操作。根据数据提取操作的时机，VRAE 算法可以分为三种类型：仅当解密后提取、仅当解密前提取、解密前后均能提取。

仅当解密后提取最早由张新鹏教授在文献[87]中提出。该类算法在图像分块的基础上，发送方根据秘密信息比特类型决定是否进行最低三个位平面的翻转，接收方根据图像纹理和复杂度函数进行图像恢复及数据提取。后续的改进算法主要针对复杂度函数的设计以及翻转规则的优化，例如文献[88]~[90]等。Zhou 等[91]提出的基于密钥调制的算法借鉴了通信领域中频率调制的思想，在判别图像块属于自然图像还是密文图像时采取二分类器的方法替代上述算法使用的判别函数。其他改进算法还包括文献[92]、[93]等从同态特性等角度提高嵌入性能。在上述算法中，如果接收方仅拥有数据提取密钥而没有解密密钥，将无法提取秘密信息。由于在该类算法中信息提取和图像恢复紧密相关，因此也被称为不可分离的加密域算法。

仅当解密前提取属于可分离的加密域可逆隐藏算法。第一个可分离算法由 Puech 等[94]提出，它基于 AES 加密算法和局部标准差提取方法得出，但是存在安全性不足以及直接解密图像失真较大的问题。Zhang[95]提出的基于密文比特压缩的算法比较有代表性，该算法利用嵌入密钥压缩密文图像的最低有效位，以创建一个稀疏空间来嵌入秘密信息。受该算法启发，出现了基于低密度奇偶校验码的算法[96]、基于分布式信源编码的算法[97]、基于汉明距离的算法[98]、基于湿纸编码的算法[99]等。与大多数面向流密码加密的算法不同，Qian 等[100]提出的算法面向分组加密的图像，Karim 等[101]提出的算法适用于任意加密算法。仅当解密前提取的算法不要求发送方在数据嵌入之前进行任何预处理操作，更具有实用性。然而，这类算法虽然可以在拥有提取密钥的情况下在密文域提取信息，但是不能在图像解密后进行信息提取。

前两类算法只能在解密前或者解密后进行数据提取，前者使仅拥有提取密钥而没有解密密钥的合法用户无法从密文域中直接提取信息；后者使拥有提取密钥和直接解密图像的合法用户无法提取秘密信息，因此出现了解密前后均能提取的算法。Zhang 等[102]提出的基于伪随机序列调制的算法是首个该类型的算法，后续的改进算法包括基于参数优化的算法[103]、基于直方图修改的算法[104-107]、基于同态加密特性的算法[108]等。解密前后均能提取的算法与其他两类算法相比，不要求数据提取与图像解密的前后次序，因此更具有实用性。

3. VRIE 算法

VRIE 算法基于图像加密过程本身产生的冗余，在图像加密的同时进行数据嵌入操作。文献[109]提出的基于差错学习（Learning With Errors，LWE）的加密域算法主要利用加密过程中映射函数的冗余空间，根据秘密信息取值调整密文取值范围，并对算法安全性进行了证明，文献[110]和[111]分别将该算法中秘密信息的嵌入形式从二进制推广到四进制和十六进制，以提高算法的嵌入容量。文献[112]提出的算法面向基于环上差错学习（Ring Learning With Errors，RLWE)加密的情况，根据空间域比特在映射区域的重新量化和对密文的重新编码，实现基于加密过程冗余的多比特嵌入，将数据嵌入量提高到 0.23 b/p。Ke 等[113]提出的加密域多级嵌入算法，将加密过程中的冗余进行编码，把消息嵌入到密文的多级子区域，并引入不同的量化标准，实现了提取和解密过程的分离，最大嵌入量为 0.3 b/p，类似的改进算法还有文献[114]、[115]。

VRBE 算法和 VRAE 算法往往在设计加密域算法过程中，将数据嵌入与图像加密单独考虑。VRIE 算法将加密域可逆隐藏与面向的密码技术相结合，更加注重隐藏与加密的相互关系，理论上可以达到更好的嵌入性能。然而，当前的 VRIE 算法大多面向基于格密码等同态加密算法，仍然存在密文扩展较大、面向图像可逆隐藏的实用性不足等问题。

2.3.4　其他算法

随着图像可逆隐藏技术的不断发展和新的应用需求的不断出现，除了前文介绍的传统的空间域、压缩域、加密域算法外，近年来还出现了许多新的算法。图像可逆隐藏领域与图像处理、人工智能、云计算安全等其他领域的交叉融合已经逐渐成为未来发展的重要趋势之一。例如，可以将图像可逆隐藏应用在图像对比度增强等图像处理技术中，并已经涌现出了一批优秀的研究成果[116-119]。此外，随着深度学习隐写分析[120-122]、生成式隐写[123-125]等技术的出现，深度学习、生成模型等新兴领域与信息隐藏技术的深度融合也逐渐受到了图像可逆隐藏领域学者的广泛关注[126]。目前，从公开的文献中还很少有基于深度学习或者生成模型可逆隐藏模型的研究成果出现，但未来这种研究将成为图像可逆隐藏的发展趋势之一。需要特别指出的是，传统图像可逆隐藏技术依然是未来诸多应用场景的研究基础，空间域、压缩域和加密域等三个角度的深入研究依然是图像可逆隐藏领域的重点研究方向。其中，空间域算法重点侧重于提高载密图像质量，压缩域算法主要集中在面向 JPEG 压缩的可逆隐藏算法，加密域算法与云环境图像安全的联系越来越紧密。

2.4　图像可逆信息隐藏的评价指标

衡量图像可逆隐藏算法优劣的评价指标与传统信息隐藏算法相比存在一些差异，具体指标包括可逆性、载密图像的图像质量、嵌入容量、压缩图像尺寸等。虽然当前可逆隐藏领域也出现了一些针对鲁棒性的研究，但大多数研究者认为图像可逆隐藏本质上属于脆弱水印，不必考虑图像传输过程中的恶意攻击和分析。现有的图像可逆隐藏算法基本不涉及鲁棒性，且鲁棒可逆水印的应用场景仍停留在探究阶段，因此本书的研究不涉及算法的鲁棒性。对图像可逆隐藏算法的评价指标具体介绍如下：

（1）可逆性：指载体图像被接收方可逆恢复的程度。图像可逆隐藏要求接收方可以从载密图像中无失真地恢复出载体图像，因此可逆隐藏算法需要首先验证是否可以无失真地恢复图像，确保算法的可逆性。

（2）图像质量：指载密图像的图像质量，主要指载密图像与载体图像相比的差异程度，是一个相对概念。当前可逆隐藏图像质量评价主要包括主观评价和客观评价两大类。主观评价基于人类视觉进行观察以及评价者自身的经验进行载密图像与载体图像的视觉差异评价，是一种较为直观的评价方式。客观评价采取某些可以代表图像视觉差异的失真统计量，通过计算载密图像和载体图像的失真程度来衡量图像质量。载体图像的失真程度越小代表该算法的图像质量越高。较为常见的图像质量客观评价指标是峰值信噪比（Peak Signal to Noise Ratio, PSNR），其计算方式如下：

$$PSNR = 10 \lg \frac{MAX^2}{MSE} \qquad (2-1)$$

式中：MAX 代表图像像素所能表示的最大值，如 8 位灰度图像的 MAX 值为 255；MSE 代表载密图像和载体图像的均方误差。假设载体图像大小为 $M \times N$，则 MSE 的具体计算方式为

$$\text{MSE} = \frac{1}{M \times N} \sum_{i=0}^{M-1} \sum_{j=0}^{N-1} \left[I(i, j) - I^*(i, j) \right]^2 \qquad (2-2)$$

式中，$I(i, j)$ 和 $I^*(i, j)$ 分别代表载体图像 I 和载密图像 I^* 在位置 (i, j) 的像素值。PSNR 值越大，代表嵌入失真越小，载密图像的图像质量越高。

（3）嵌入容量：指载体图像可以嵌入的最大数据量。最常用的嵌入容量计算方式是直接计算载体图像可以嵌入的秘密信息最大数据量，单位为 bit。另一种嵌入容量计算方式是用载体图像嵌入数据的最大比特数除以载体图像的像素数量，单位为每像素嵌入比特数（bit per pixel，b/p）。此外，大多数算法习惯使用 PSNR 与嵌入容量的比率（率失真性能）来衡量算法优劣。

（4）压缩图像文件的压缩率变化：指压缩域算法中压缩图像经过数据嵌入后的图像压缩率变化幅度。压缩图像在数据嵌入后容易引起压缩图像文件大小急剧增大，进而影响图像压缩率，因此极大地影响算法的实用性。该指标仅适用于压缩域算法，一般可以通过压缩文件大小的增长幅度进行衡量。

值得注意的是，上述评价指标在不同作用域的侧重点有所不同。具体而言，空间域算法主要侧重图像质量和嵌入容量，尤其是图像质量；压缩域算法更侧重一定图像质量和嵌入量情况下的图像尺寸；加密域算法更侧重于嵌入容量。此外，上述介绍主要针对空间域算法、压缩域算法、加密域算法等传统算法，面向生成图像的可逆算法等新型算法在评价指标方面有所不同，将在后续章节中具体介绍。

2.5 图像可逆信息隐藏的主要应用

1. 完整性保护

以军事领域为例，作战地图、军事遥感地图等军事图像大多为数字化地图，在易于存储的同时很容易被复制、编辑或者恶意篡改，由此会带来不可估量的后果。数字签名技术是用于保护图像完整性信息的较为成熟的技术，其主要原理是生成不可抵赖的哈希函数值，并附在原始信息之后一并传输给接收方。然而，现实中的军事通信往往存在被恶意攻击和分析破坏的风险，直接将哈希函数值附在图像之后的方式容易被恶意破坏销毁，在占用宝贵的通信带宽的同时也增大了对图像及完整性信息进行有效管理的难度。在某些特殊场合下，图像可逆隐藏可以作为数字签名的重要补充技术，将哈希函数值等图像完整性信息直接嵌入到载体图像中。

2. 图像隐蔽通信

在一些涉及情报传输的特殊场合中，加密技术容易引起敌方注意，信息隐藏技术是军事情报机构重要的隐蔽通信手段之一。传统的基于信息隐藏的隐蔽通信系统并不要求算法的可逆性，只要求被传递秘密信息可以被正确提取。然而，当载体图像属于敏感度较高、

不允许失真的特殊军事情报图像时，图像可逆隐藏技术可以作为重要的补充技术，应用于面向图像的军事情报隐蔽通信中。接收方不仅可以正确得到嵌入在载体图像中的秘密信息，还可以以无失真的方式正确恢复原始载体图像，不影响军事图像的正常使用。

3. 其他应用

可逆信息隐藏属于特殊类型的信息隐藏技术，因此信息隐藏技术的应用场景原则上也都可以作为可逆信息隐藏的应用场景。信息隐藏技术大致上可以分为军用和民用两类应用场景。军用和民用最主要的应用场景分别是隐蔽通信和版权保护。此外，图像可逆隐藏还可以应用在图像篡改检测、隐私图像保护、图像失泄密追踪溯源等场景。例如，军事远程医疗在未来数字化战争中应用广泛，战场环境伤病员医疗图像的卫星回传、军民融合背景下士兵医学诊断图像的军地多医疗机构联合会诊等。在传输军事医疗图像时，如果将军人身份、病历报告、诊断结果等敏感信息通过图像可逆隐藏的方式嵌入到医学图像中，既可以达到医疗敏感信息隐私保护的目的，又可以有效节省传输带宽和存储空间。

2.6　图像可逆信息隐藏的经典算法

2.6.1　无损压缩法

早期的可逆隐藏算法主要基于无损压缩(Lossless Compression，LC)方法，其基本原理是首先将原始载体的部分数据进行无损压缩，然后将无损压缩后腾出来的冗余空间用于数据嵌入。图 2-2 所示为该类算法的基本原理示意图。算法的最终性能取决于使用的无损压缩算法以及所选择的图像特征，其信息嵌入的容量上限为图像无损压缩前后的数据量之差。基于无损压缩方法的可逆隐藏算法的共同优点是计算简单、容易实现，缺点是受压缩效率的制约，嵌入容量一般较小。

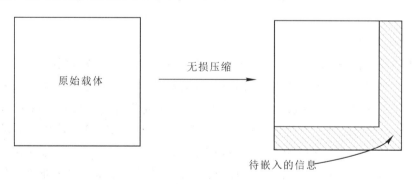

图 2-2　基于无损压缩的可逆隐藏算法示意图

Fridrich 等在文献[28]中提出的基于图像位平面无损压缩的算法是该类算法的典型代表。该算法在图像压缩时选择二值图像压缩编码标准算法[29](Joint Bit-level Image Experts Group，JBIG)。假设原始图像为 8 位灰度图像，待隐藏的秘密信息的数据量是 C(该算法主要用于图像的完整性认证，因此待嵌入信息一般为长度为 128 bit 的 Hash(哈希)认证消息，即 $C=128$)，经过位平面压缩后原始像素个数与压缩后数据比特数的差值为 R。首先从最低位平面(称为 LSB 位平面)开始计算,若压缩最低位平面后 R 不小于 C,则最低位平面确定为"关键位平面(Key Bitplane)"。反之,压缩图像的最低两个位平面,若满足要求,则最低两个位平面为"关键位平面"。重复上述步骤,直至确定出"关键位平面"并用于下一步的图像压缩和数据嵌入。该算法在数据嵌入过程中的具体步骤如下:

(1) 对于 8 位灰度图像 I,确定出所有的"关键位平面"。

(2) 利用 JBIG 二进制压缩算法,将"关键位平面"中的位平面数据进行无损压缩。压缩后的二进制数据记为 B。

(3) 对原始图像进行哈希函数计算,得到的哈希值为 $H(I)$。

(4) 将二进制数据 B 加密成二进制密文数据 $E_K(B)$,其中 E 是加密算法,K 是加密密钥。

(5) 将原始图像 I 的"关键位平面"数据替换为二进制密文数据 $E_K(B)$ 以及哈希值 $H(I)$。

上述算法中的加密操作目的是增加图像认证过程中的安全性,加密算法可以选择较为成熟的 IDEA 算法或者 DES 算法。"关键位平面"的确定方法是由最低位平面开始,重复操作,确定出满足嵌入要求的最低位平面组合,这样可以尽可能地减少含密图像的图像失真程度。算法中的哈希函数一般选择 MD5 算法,待嵌入数据长度一般为 128 bit。该算法更适用于分布较为平滑的图像。例如,对于图 2-3 所示的图像 Moon,最低位平面(LSB 位平面)中分布着大量的灰度值 0。该图像确定的"关键位平面"仅仅为最低位平面(LSB 位平面),而且经过数据嵌入后的含密载体峰值信噪比可以达到 51.2 dB。实验表明,针对大多数质量较

图 2-3　测试图像 Moon

高的图像,该算法确定的"关键位平面"中位平面个数在三个以内,失真相对较小。然而,对于质量较低的图像,"关键位平面"中包含第四个或者第五个位平面,造成含密图像的较大失真。

2.6.2　整数变换法

整数小波变换、整数 DCT 变换等整数变换(Integer Transform,IT)方法可以用来设计可逆隐藏算法。该类型算法中最具有代表性的是 Tian 等[13] 提出的差值扩展(Difference Expansion,DE)算法。在该算法中,算法的可逆性来源于 Haar 整数小波变换,由于充分利用了自然图像中相邻像素之间的相关性较大的特点,较之前的算法在嵌入性能上有了很大的提升。该算法将原始图像的像素分为两个一组的像素对,之后通过扩展像素对差值的方法进行数据嵌入,每一个像素对最多可以嵌入 1 bit 的秘密信息,因此具有较高的嵌入容量。

数据嵌入算法的具体步骤如下:假设原始图像为 8 位灰度图像,首先将原始图像按照两个像素一组,分为不同的像素点对,对于任意一个像素对 $p=(x,y)$,进行 Haar 整数小波变换(也称为 S 变换)后,得到该像素对的均值 l(低频成分)和差值 h(高频成分)。

$$l = \left\lfloor \frac{x+y}{2} \right\rfloor \tag{2-3}$$

$$h = x - y \tag{2-4}$$

值得注意的是,该变换属于可逆变换,即该均值 l 和差值 h 可以通过 Haar 整数小波变换的逆变换恢复出原始像素值 x 和 y。

$$x = l + \left\lfloor \frac{h+1}{2} \right\rfloor \tag{2-5}$$

$$y = l - \left\lfloor \frac{h}{2} \right\rfloor \tag{2-6}$$

把式(2-4)得到的差值 h 左移一个比特,并把待嵌入比特嵌入到空出来的最不重要位 LSB 上,这个过程就叫作"差值扩展"。具体操作过程如下:

$$h^* = 2 \times h + m \tag{2-7}$$

式(2-7)中的 h^* 为嵌入后的新差值,m 为待嵌入消息比特,$m \in \{0, 1\}$。根据得到的新差值和式(2-5)、式(2-6)所示的逆变换过程,可以得到新的图像像素对,形成嵌入信息后的含密图像。

为避免式(2-7)的操作使得原始图像部分像素"溢出",即得到的像素值超出 $[0, 255]$ 的范围,需要保证以下约束条件:

$$0 \leqslant \left\lfloor \frac{(h+1)}{2} \right\rfloor \leqslant 255 \tag{2-8}$$

$$0 \leqslant l - \left\lfloor \frac{h}{2} \right\rfloor \leqslant 255 \tag{2-9}$$

式(2-8)、式(2-9)所示的约束条件可以转化为

$$\begin{cases} |h| \leqslant 2(255-l), & 128 \leqslant l \leqslant 255 \\ |h| \leqslant 2l+1, & 0 \leqslant l \leqslant 127 \end{cases} \tag{2-10}$$

根据式(2-10)和式(2-7),得像素点对满足可逆性的约束条件为

$$\left\lfloor 2 \times h + m \right\rfloor \leqslant \min(2(255-l), 2l+1) \tag{2-11}$$

在 Tian 的算法中,给出了关于差值 h 的两个定义:

(1)可扩展(Expandable)差值。针对差值 h,不管待嵌入消息比特 m 等于 0 还是 1,经过式(2-7)的操作后,若得到的 h^* 满足约束式(2-11),则称差值 h 是可扩展的。

(2)可改变(Changeable)差值。针对差值 h,不管待嵌入消息比特 m 等于 0 还是 1,经过如下的操作后,得到的 h' 若满足约束式(2-11),则称差值 h 是可改变的;若不满足约束条件式(2-11),则称差值 h 是不可改变的。

$$h' = 2 \times \left\lfloor \frac{h}{2} \right\rfloor + m \tag{2-12}$$

根据上述定义,可以得到以下推论:

(1)可扩展差值一定属于可改变差值,可改变差值不一定是可扩展差值。

(2)可扩展差值 h 经过误差扩展后得到的新差值 h^* 属于可改变差值。

(3)可改变差值 h 经过 LSB 替换后得到的新差值 h^* 仍属于可改变差值。

(4)当 $h=0$ 或者 $h=-1$ 时,若差值 h 属于可改变差值,则必定也属于可扩展差值。

为了能使图像接收者无失真地恢复出原始图像，需要借助"位置图"来记载可扩展像素对的位置。首先需要按照水平方向或者垂直方向进行扫描，把两个相邻像素值组成一个像素对。图像的像素对根据差值，划分为四个集合 EZ、EN、CN 和 NC：

（1）EZ 集合包含所有符合 $h=0$ 或者 $h=-1$ 的可扩展差值。

（2）EN 集合包含所有符合 $h\notin EZ$ 的可扩展差值。

（3）CN 集合包含所有符合 $h\notin(EZ\cup EN)$ 的可改变差值。

（4）NC 集合包含所有不可改变差值。

对像素对 $p=(x,y)$，针对 $h\in(EZ\cup EN)$，将其对应位置的位置图中相应位标记为"1"；否则，标记为"0"。该位置图可以利用算术编码进行压缩，而后作为待嵌入信息的一部分，在后续的嵌入环节中将之嵌入到原始图像中。针对集合 CN 中的所有差值，嵌入过程中用待嵌消息直接代替其最低有效位(LSB)，被代替的最低有效位也需要嵌入到原始图像中。为控制算法失真，一般可定义一个阈值 T_h，将集合 EN 分为两个集合：$EN_1=\{h\in EN:|h|\leqslant T_h\}$ 和 $EN_2=\{h\in EN:|h|>T_h\}$，位置图也要做一些修改。具体的差值分类与数据嵌入状态如表 2-2 所示。

表 2-2　差值分类及数据嵌入情况

类别	原始集合	原始差值	位置图	新差值
可改变差值	$EZ\cup EN$（或 $EZ\cup EN_1$）	h	1	$2\times h+m$
	CN（或 $EN_2\cup CN$）	h	0	$2\times\lfloor h/2\rfloor+m$
不可改变差值	NC	h	0	h

在嵌入容量方面，当 $h\in\{EZ\cup EN_1\cup EN_2\cup CN\}$ 时，均可以嵌入 1 bit 数据，因此最大嵌入容量为 $|EZ|+|EN_1|+|EN_2|+|CN|$。符号 $|\quad|$ 的含义是集合的大小。在载密图像的图像质量方面，选择更小的差值 h 进行数据嵌入，将使得均方误差更小，载密图像的图像质量更好。此外，阈值 T_h 的选择也是影响算法性能的关键因素。T_h 的值越小，差值扩展操作对图像的影响越小，载密图像的图像质量就越好，但 $|EN_1|$ 的值也减小，位置图的压缩效率降低。若图像大小为 $M\times N$，则 $|EZ|+|EN_1|+N\leqslant0.5(M\times N)$，即该算法有效载荷的最大上界为 0.5 b/p。

2.6.3　直方图平移法

基于直方图平移(Histogram Shifting，HS)的可逆隐藏方法利用图像自身的统计特性来进行数据嵌入。最简单的直方图是图像的灰度直方图，相当于统计出各个灰度值在图像像素中出现的频率。最早的基于直方图平移的可逆隐藏算法是由 Ni 等[14]在 2006 年中提出的，现在已经成为可逆隐藏技术的主要研究方向。Ni 等提出的算法利用图像的灰度直方图作为可逆嵌入的特征，统计每个灰度值的频率，利用灰度直方图分布中的"峰值点"和"最小值点"进行数据嵌入。"峰值点"和"最小值点"分别代表图像像素中出现频率最高和最低的灰度值。例如，图 2-4(a)为标准测试图像"Lena"，图 2-4(b)为该图对应的灰度直方图，其"峰值点"和"最小值点"如图(b)中所示。由于自然图像灰度直方图分布的特殊性，大多数图像灰度直方图的"最小值点"对应的图像像素出现频率为 0，也被称为"零值点"。

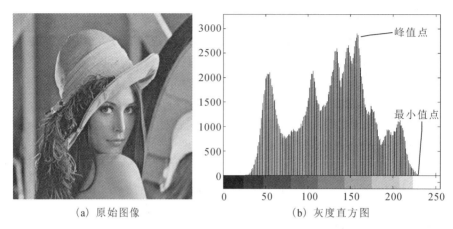

（a）原始图像　　　　　　　　（b）灰度直方图

图 2-4　测试图像"Lena"及对应的灰度直方图

假设载体图像为 8 位灰度图像，图像大小为 $M \times N$，像素灰度值 $x \in [0, 255]$，文献[14]中算法的数据嵌入步骤如下：

（1）生成该图的灰度直方图 $H(x)$。其中，像素值为 x 的像素在图像中出现的频率记为 $h(x)$。

（2）找出灰度直方图 $H(x)$ 中的峰值点和最小值点：$h(a)$ 和 $h(b)$。其中，$a, b \in [0, 255]$。

（3）若最小值点 $h(b) > 0$，则将最小值点对应的像素点的位置 (i, j) 以及其灰度值 b 记录为边信息。然后，设置 $h(b) = 0$。

（4）不失一般性，假设 $a < b$，将灰度直方图 $H(x)$ 中满足 $x \in (a, b)$ 的部分向右移动一个单位。具体而言，即将满足 $x \in (a, b)$ 的像素进行像素值加 1 的操作。

（5）扫描整幅图像，当像素的灰度值为 a 时，进行数据嵌入：若待嵌入数据为 1 bit，则将当前像素的灰度值改为 $a+1$；若待嵌入数据为 0 bit，则保持当前像素的灰度值 a 不变。

该算法在嵌入过程中的主要步骤如下：首先确定图像灰度直方图的峰值点和最小值点，然后对介于峰值点和最小值点的直方图进行整体搬移，从而为直方图峰值点处的数据嵌入预留出空间，最后结合待嵌入消息进行数据嵌入。该算法数据嵌入阶段的基本原理如图 2-5 所示。接收者在提取数据时，根据每个像素的值进行相应的逆操作就可以恢复出原始像素值，并从峰值点像素中提取出秘密信息。若载密图像某像素的灰度值为 a，则提取出数据"0"；若载密图像某像素的灰度值为 $a+1$，则提取出数据"1"。

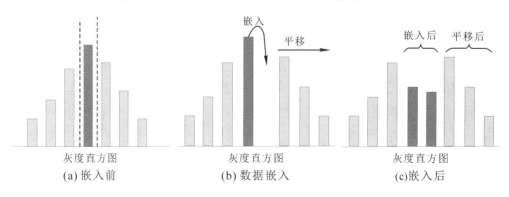

灰度直方图　　　　　　　灰度直方图　　　　　　　灰度直方图
(a) 嵌入前　　　　　　　(b) 数据嵌入　　　　　　(c) 嵌入后

图 2-5　文献[14]的算法原理图

根据算法的嵌入原理，灰度值处于峰值点和最小值点之间的载体图像像素在数据嵌入时最大灰度值改变量为 1。因此，最坏情况下，所有像素的灰度值改变 1，此时的均方误差 MSE 接近 1。这使得峰值信噪比：

$$PSNR = 10 \times \lg\left(\frac{255 \times 255}{MSE}\right) = 48.13 \text{ dB} \qquad (2-13)$$

式(2-13)给出了该算法得到的载密图像峰值信噪比的下限。

综上所述，该算法的优势在于实现简单，计算复杂度较低，载密图像的图像质量相对较高。但是，由于该算法对载体图像灰度直方图分布特性有较高的依赖性，因此仅适用于直方图分布较为"陡峭"的载体图像，而对于灰度直方图分布较为"平缓"的载体图像则难以找到冗余空间。该算法嵌入容量最大值等于灰度直方图中峰值点对应的像素个数，因此存在嵌入容量较低的缺陷。

基于直方图平移的可逆隐藏算法相对于基于无损压缩以及基于整数变换方法的算法，可以更好地利用图像冗余，有效控制嵌入失真，因此成为了近年来的主要研究热点。针对文献[14]的算法嵌入容量较低的缺陷，近年来研究者提出的改进方案包括：

（1）直方图的生成方式。除了灰度直方图外，统计相邻像素之间的差值得到的差值直方图[37]、利用预测算法得到的预测误差直方图[38]等方案均取得了较好的效果。

（2）直方图修改方式。在早期使用直方图峰值进行数据嵌入的基础上，优化直方图峰值点选择方式以及自适应选择频数[39]均可以有效提高算法的嵌入性能。例如，图 2-6 为基于预测误差以及双峰值点平移的算法原理图。由于预测算法具有较高的预测精度，图 2-6(a)所示的预测误差值集中在 0 值附近。选择频数最高的两个峰值点"0"和"1"，分别向两侧平移，而后在两个峰值点同时进行数据嵌入，可以有效提高算法的嵌入性能。

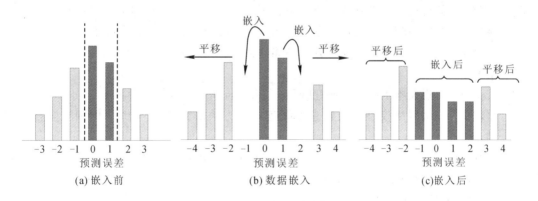

图 2-6　预测误差直方图平移的算法原理图

2.7　本章小结

本章对图像可逆信息隐藏技术进行概述。图像是网络环境中应用最广、使用最为频繁的多媒体形式之一，图像可逆信息隐藏技术属于可逆信息隐藏技术中研究成果最多、研究较为成熟的重要分支。

本章主要从基本知识、应用场景、基本方法三方面进行介绍。在基本知识方面，从基本概念、基本模型、研究现状和评价指标四个点对图像可逆信息隐藏技术进行介绍，总结图像可逆信息隐藏技术的一般规律和基本特点。在应用场景方面，主要介绍图像可逆信息隐藏技术在图像完整性保护、图像隐蔽通信以及其他方面的典型应用。在基本方法方面，选择无损压缩法、整数变换法、直方图平移法等三种典型算法进行简要介绍。上述三种算法属于目前图像可逆信息隐藏领域方法中最为经典、研究最为成熟、影响最为深远的三种算法，理解这三种算法的基本原理有助于学习后续章节介绍的其他图像可逆信息隐藏算法。

本章参考文献

[1]　KHOSRAVI M，YAZDI M. A lossless data hiding scheme for medical images using a hybrid solution based on IBRW error histogram computation and quartered interpolation with greedy weights[J]. Neural Computing & Applications，2018，30 (1)：1 - 12.

[2]　CHANG K. Efficient lossless watermarking algorithm using gradient sorting and selective embedding[J]. Multimedia Tools & Applications，2018，77(18)：23579 - 23606.

[3]　QIU Y，GU H，SUN J. Reversible watermarking algorithm of vector maps based on ECC[J]. Multimedia Tools & Applications，2018，77(18)：23651 - 23672.

[4]　BARTON J. Method and apparatus for embedding authentication information within digital data[P]. US：5646997，1997.

[5]　刘芳. 图像可逆信息隐藏技术若干问题研究[D]. 大连：大连理工大学，2013.

[6]　姚远志. 数字视频信息隐藏理论与方法研究[D]. 合肥：中国科学技术大学，2017.

[7]　霍永津. 基于边信息预测和直方图平移的数字音频可逆水印算法研究[M]. 广州：暨南大学，2015.

[8]　费文斌. 可逆文本水印算法研究[M]. 杭州：杭州电子科技大学，2013.

[9]　蒋瑞祺. 三维网络模型可逆信息隐藏理论与方法研究[D]. 合肥：中国科学技术大学，2017.

[10]　LIU F，CHEN Z. An adaptive spectral decorrelation method for lossless MODIS image compression[J]. IEEE Transactions on Geoscience & Remote Sensing，2019，57(2)：1 - 12.

[11]　利祥. 压缩域图像可逆信息隐藏[D]. 杭州：浙江大学，2016.

[12]　SHI Y，LI X，ZHANG X，et al. Reversible data hiding：advances in the past two decades[J]. IEEE Access，2016，4：3210 - 3237.

[13]　FRIDRICH J，GOLJAN M，DU R. Invertible authentication[A]. Proceedings of SPIE 4314，Security and Watermarking of Multimedia Contents Ⅲ[C]. San Jose：SPIE，2001，4314：197 - 208.

[14]　陈聪. 基于 FPGA 的二值图像 JBIG 压缩算法研究与实现[D]. 西安：西安电子科技大学，2013.

[15] CELIK M, SHARMA G, TEKALP A, et al. Lossless generalized-LSB data embedding[J]. IEEE Transactions on Image Processing, 2005, 14(2): 253 – 266.

[16] CELIK M U, SHARMA G, TEKALP A M. Lossless watermarking for image authentication: a new framework and an implementation[J]. IEEE Transactions on Image Processing, 2006, 15(4): 1042 – 1049.

[17] FRIDRICH J, GOLJAN M, DU R. Lossless data embedding: new paradigm in digital watermarking[J]. EURASIP Journal on Applied Signal Processing, 2002, 2002(2): 185 – 196.

[18] CELIK M, SHARMA G, TEKALP A, et al. Reversible data hiding [A]. Proceedings of International Conference on Image Processing [C]. NewYork: IEEE, 2002. 157 – 160.

[19] TIAN J. Reversible data embedding using a difference expansion [J]. IEEE Transactions on Circuits and Systems for Video Technology, 2003, 13(8): 890 – 896.

[20] EMAD E, SAFEY A, REFAAT A, et al. A secure image steganography algorithm based on least significant bit and integer wavelet transform[J]. Journal of Systems Engineering & Electronics, 2018, 29(3): 199 – 209.

[21] WANG X, LI X, YANG B, et al. Efficient generalized integer transform for reversible watermarking[J]. IEEE Signal Processing Letters, 2010, 17(6): 567 – 570.

[22] QIU Y, QIAN Z, YU L. Adaptive Reversible data hiding by extending the generalized integer transformation[J]. IEEE Signal Processing Letters, 2016, 23(1): 130 – 134.

[23] PENG F, LI X, YANG B. Adaptive reversible data hiding scheme based on integer transform[J]. Signal Processing, 2012, 92(1): 54 – 62.

[24] 邱应强,冯桂,田晖. 利用整数变换的高效图像可逆信息隐藏方法[J]. 华侨大学学报(自然科学版), 2014, 35(2): 136 – 141.

[25] SUBBURAM S, SELVAKUMAR S, GEETHA S. High performance reversible data hiding scheme through multilevel histogram modification in lifting integer wavelet transform [J]. Multimedia Tools & Applications, 2018, 77(6): 7071 – 7095.

[26] THODI D, RODRIGUEZ J. Expansion embedding techniques for reversible watermarking[J]. IEEE Transactions on Image Processing, 2007, 16(3): 721 – 730.

[27] WANG L, PAN Z, ZHU R. A novel reversible data hiding scheme by introducing current state codebook and prediction strategy for joint neighboring coding[J]. Multimedia Tools & Applications, 2017, 76(4): 1 – 24.

[28] JUNG K. A high-capacity reversible data hiding scheme based on sorting and prediction in digital images[J]. Multimedia Tools & Applications, 2017, 76(11):

13127 – 13137.

[29] HIARY S, JAFAR I, HIARY H. An efficient multi-predictor reversible data hiding algorithm based on performance evaluation of different prediction schemes [J]. Multimedia Tools & Applications, 2017, 76(2): 2131 – 2157.

[30] CHEN H, NI J, HONG W, et al. High-fidelity reversible data hiding using directionally enclosed prediction[J]. IEEE Signal Processing Letters, 2017, 24(5): 574 – 578.

[31] PUTEAUX P, PUECH W. An efficient MSB prediction-based method for high-capacity reversible data hiding in encrypted images[J]. IEEE Transactions on Information Forensics & Security, 2018, 13(7): 1670 – 1681.

[32] THODI D, RODRÍGUEZ J. Prediction-error based reversible watermarking[A]. In: Proceedings of International Conference on Image Processing[C]. NewYork: IEEE, 2004, 1549 – 1552.

[33] HEIJMANS H. Reversible data embedding into images using wavelet techniques and sorting[J]. IEEE Transactions on Image Processing. 2005, 14(12): 2082 – 90.

[34] 罗剑高, 韩国强, 沃焱. 新颖的差值扩展可逆数据隐藏算法[J]. 通信学报, 2016, 37(2): 53 – 62.

[35] WANG X, BIN M, JIAN L, et al. Adaptive image reversible data hiding error prediction algorithm based on multiple linear regression[J]. Journal of Applied Sciences, 2018, 36(2): 362 – 370.

[36] HONG W, CHEN T, CHEN J. Reversible data hiding using delaunay triangulation and selective embedment[J]. Information Sciences, 2015, 308: 140 – 154.

[37] NI Z, SHI Y, ANSARI N, et al. Reversible data hiding[J]. IEEE Transactions on Circuits & Systems for Video Technology, 2006, 16(3): 354 – 362.

[38] 项煜东, 吴桂兴. 一种基于像素预测的图像可逆信息隐藏策略[J]. 计算机科学, 2018, 45(2): 189 – 196.

[39] KIM S, QU X C, SACHNEV V, et al. Skewed histogram shifting for reversible data hiding using a pair of extreme predictions[J]. IEEE Transactions on Circuits and Systems for Video Technology, 2019, 29(11): 3236 – 3246.

[40] SACHNEV V, KIM H, NAM J, et al. Reversible watermarking algorithm using sorting and prediction[J]. IEEE Transactions on Circuits and Systems for Video Technology, 2009, 19(7): 989 – 999.

[41] LUO L, CHEN Z, CHEN M, et al. Reversible image watermarking using interpolation technique [J]. IEEE Transactions on Information Forensics and Security, 2010, 5(1): 187 – 193.

[42] QIN C, CHANG C, HUANG Y, et al. An inpainting-assisted reversible steganographic scheme using a histogram shifting mechanism[J]. IEEE Transactions on Circuits and Systems for Video Technology, 2013, 23(7): 1109 – 1118.

[43] SUDIPTA M, BISWAPATI J. Directional PVO for reversible data hiding scheme with image interpolation[J]. Multimedia Tools & Applications, 2018, 77(23): 31281 - 31311.

[44] DRAGOI I, COLTUC D. On local prediction based reversible watermarking[J]. IEEE Trans Image Process, 2015, 24(4): 1244 - 1246.

[45] XUAN G, SHI Y, TENG J. Double-threshold reversible data hiding [A]. Proceedings of IEEE International Symposium on Circuits and Systems [C]. NewYork: IEEE, 2010.

[46] XUAN G, TONG X, TENG J. Optimal histogram-pair and prediction-error based image reversible data hiding[A]. Proceedings of International Workshop on Digital Forensics and Watermaking. Berlin: Springer, 2012.

[47] WANG J, NI J, ZHANG X, et al. Rate and distortion optimization for reversible data hiding using multiple histogram shifting [J]. IEEE Transactions on Cybernetics, 2017, 47(2): 315.

[48] WANG S, LI C, KUO W. Reversible data hiding based on two-dimensional prediction errors[J]. IET Image Processing, 2013, 7(9): 805 - 816.

[49] LI X, ZHANG W, GUI X, et al. Efficient reversible data hiding based on multiple histograms modification [J]. IEEE Transactions on Information Forensics and Security, 2015, 10(9): 2016 - 2027.

[50] MA B, SHI Y. A Reversible data hiding scheme based on code division multiplexing[J]. IEEE Transactions on Information Forensics & Security, 2017, 11(9): 1914 - 1927.

[51] HASANAH R, ARIFIANTO M. A high payload reversible watermarking scheme based-on OFDM-CDMA [A]. Proceedings of 10th International Conference on Telecommunication Systems Services and Applications [C]. NewYork: IEEE, 2017.

[52] KALKER T, WILLEMS F. Capacity bounds and constructions for reversible data-hiding [A]. Proceedings of 14th International Conference on Digital Signal Processing Proceedings[C]. NewYork: IEEE, 2003.

[53] QIAN Z, ZHOU H, ZHANG X, et al. Separable Reversible Data Hiding in Encrypted JPEG Bitstreams[J]. IEEE Transactions on Dependable and Secure Computing, 2018, 15(6): 1055 - 1067.

[54] CHU D, LU Z, WANG J. A high capacity reversible information hiding algorithm based on difference coding of VQ indices[J]. Icic Express Letters. an International Journal of Research & Surveys. part B Applications, 2012, 3: 701 - 706.

[55] LI C, LU Z, SU Y. Reversible data hiding for BTC-compressed images based on bitplane flipping and histogram shifting of mean tables[J]. Information Technology Journal, 2011, 10(7): 1421 - 1426.

[56] OHYAMA S, NIIMI M, YAMAWAKI K, et al. Lossless data hiding using bit-depth embedding for JPEG2000 compressed bit-stream [A]. Proceedings of

International Conference on Intelligent Information Hiding and Multimedia Signal Processing[C]. New York: IEEE, 2008.

[57] FRIDRICH A J, GOLJAN M, DU R. Lossless data embedding for all image formats[J]. Proceedings of SPIE, 2002, 4675: 572 – 583.

[58] High-capacity Reversible Data Hiding in Encrypted Image Based on Huffman Coding and Differences of High Nibbles of Pixels [J]. Journal of Visual Communication and Image Representation, 2021.

[59] ZHANG H, YIN Z, ZHANG X, et al. Adaptive Algorithm Based on Reversible Data Hiding Method for JPEG Images [A]. Proceeedings of International Conference on Cloud Computing International Conference on Security and Privacy in New Computing Environments [C]. Berlin: Springer-Verlag, 2018.

[60] CHANG C C, LIN C C, TSENG C, et al. Reversible hiding in DCT-based compressed images[J]. Information Sciences, 2007, 177(13): 2768 – 2786.

[61] LIN C C, SHIU P F. DCT-based reversible data hiding scheme[J]. Journal of Software, 2010, 5(2): 327 – 335.

[62] CHEN S, LIN S, LIN J. Reversible JPEG-Based hiding method with high hiding-ratio[J]. International Journal of Pattern Recognition and Artificial Intelligence, 2010, 24(03): 433 – 456.

[63] WANG K, LU Z, HU Y. A high capacity lossless data hiding scheme for JPEG images[J]. Journal of Systems and Software, 2013, 86(7): 1965 – 1975.

[64] MOBASSERI B, II R, MARCINAK M, et al. Data embedding in JPEG bitstream by code mapping[J]. IEEE Transactions on Image Processing, 2010, 19(4): 958 – 966.

[65] QIAN Z, ZHANG X. Lossless data hiding in JPEG bitstream [J]. Journal of Systems and Software, 2012, 85(2): 309 – 313.

[66] HU Y, WANG K, LU Z. An improved VLC-based lossless data hiding scheme for JPEG images[J]. Journal of Systems and Software, 2013, 86(8): 2166 – 2173.

[67] WU Y, DENG R. Zero-error watermarking on jpeg images by shuffling huffman tree nodes[A]. Proceedings of 2011 Visual Communications and Image Processing [C]. New York: IEEE, 2011.

[68] FRIDRICH J, GOLJAN M, DU R. Invertible authentication watermark for JPEG images[A]. Proceedings of International Conference on Information Technology: Coding and Computing[C]. New York: IEEE, 2001.

[69] XUAN G, SHI Y, NI Z, et al. Reversible data hiding for JPEG images based on histogram pairs[A]. Proceeedings of International Conference Image Analysis and Recognition[C]. Berlin: Springer-Verlag, 2007.

[70] SAKAI H, KURIBAYASHI M, MORII M. Adaptive reversible data hiding for JPEG images[A]. Proceedings of International Symposium on Information Theory & Its Applications. New York: IEEE, 2008.

[71] LI Q, WU Y, BAO F. A reversible data hiding scheme for JPEG images[A]. In: Proceedings of the 11th Pacific Rim conference on Advances in multimedia information processing[C]. Berlin: Springer-Verlag, 2010.

[72] EFIMUSHKINA T, EGIAZARIAN K, GABBOUJ M. Rate-distortion based reversible watermarking for JPEG images with quality factors selection[A]. Proceedings of European Workshop on Visual Information Processing[C]. New York: IEEE, 2013.

[73] NIKOLAIDIS A. Reversible data hiding in JPEG images utilising zero quantised coefficients[J]. IET Image Processing, 2015, 9(7): 560-568.

[74] HUANG F, QU X, KIM H, et al. Reversible data hiding in JPEG images[J]. IEEE Transactions on Circuits & Systems for Video Technology, 2016, 26(9): 1610-1621.

[75] LV J, SHENG L, ZHANG X. A novel auxiliary data construction scheme for reversible data hiding in JPEG images[J]. Multimedia Tools & Applications, 2018, 77(14): 18029-18041.

[76] CHANG C, LI C. Reversible data hiding in JPEG images based on adjustable padding[A]. Proceedings of 5th International Workshop on Biometrics and Forensics[C]. New York: IEEE, 2017.

[77] MA K, ZHANG W, ZHAO X, et al. Reversible data hiding in encrypted images by reserving room before encryption[J]. IEEE Transactions on Information Forensics and Security, 2013, 8(3): 553-562.

[78] ZHANG W, MA K, YU N. Reversibility improved data hiding in encrypted images[J]. Signal Processing, 2014, 94(1): 118-127.

[79] 戴强, 戴紫彬, 李伟. 基于增强型延时感知 CSE 算法的 AES S 盒电路优化设计[J]. 电子学报, 2019, 47(1): 129-136.

[80] RUI Z, SHUANG Q, ZHOU Y. Further improving efficiency of higher order masking schemes by decreasing randomness complexity[J]. IEEE Transactions on Information Forensics & Security, 2017, 12(11): 2590-2598.

[81] SHIU C, CHEN Y, HONG W. Encrypted image-based reversible data hiding with public key cryptography from difference expansion[J]. Signal Processing: Image Communication, 2015, 39: 226-233.

[82] 张薇, 白平, 李镇林. 基于谓词的 Paillier 型密文解密外包方案[J]. 郑州大学学报 (理学版), 2018, 50(3): 10-17.

[83] 杨晓元, 丁义涛, 周潭平, 等. 一种同态密文域可逆隐藏方法[J]. 山东大学学报(理学版), 2017, 52(07): 104-110.

[84] 项世军, 罗欣荣. 同态公钥加密系统的图像可逆信息隐藏算法[J]. 软件学报, 2016, 27(6): 1592-1601.

[85] 项世军, 杨乐. 基于同态加密系统的图像鲁棒可逆水印算法[J]. 软件学报, 2018, 29(4): 957-972.

[86] CAO X, DU L, WEI X. High capacity reversible data hiding in encrypted images by patch level sparse representation[J]. IEEE Transactions on Cybernetics, 2016, 46(5): 1132 - 1143.

[87] ZHANG X. Reversible data hiding in encrypted image [J]. IEEE Signal Processing Letters, 2011, 18(4): 255 - 258.

[88] HONG W, CHEN T S, WU H Y. An improved reversible data hiding in encrypted images using side match[J]. IEEE Signal Processing Letters, 2012, 19(4): 199 - 202.

[89] LIAO X, SHU C. Reversible data hiding in encrypted images based on absolute mean difference of multiple neighboring pixels [J]. Journal of Visual Communication and Image Representation, 2015, 28: 21 - 27.

[90] QIN C, ZHANG X. Reversible data hiding in encrypted image with privacy protection for image content [J]. Journal of Visual Communication & Image Representation, 2015, 31: 154 - 164.

[91] ZHOU J, SUN W, DONG L, et al. Secure reversible image data hiding over encrypted domain via key modulation [J]. IEEE Transactions on Circuits & Systems for Video Technology, 2016, 26(3): 441 - 452.

[92] CHEN Y C, SHIU C, HORNG G. Encrypted signal-based reversible data hiding with public key cryptosystem [J]. Journal of Visual Communication and Image Representation, 2014, 25(5): 1164 - 1170.

[93] YU J, ZHU G, LI X, et al. An improved algorithm for reversible data hiding in encrypted image[A]. Proceedings of International Workshop on Digital Forensics and Watermarking [C]. Berlin: Springer Heidelberg, 2012.

[94] PUECH W, CHAUMONT M, STRAUSS O. A reversible data hiding method for encrypted images [A]. Proceedings of SPIE International Society for Optical Engineering[C]. Bellingham: SPIE, 2008.

[95] ZHANG X. Separable Reversible data hiding in encrypted image [J]. IEEE Transactions on Information Forensics and Security, 2012, 7(2): 826 - 832.

[96] ZHANG X, QIAN Z, FENG G, et al. Efficient reversible data hiding in encrypted images[J]. Journal of Visual Communication and Image Representation, 2014, 25(2): 322 - 328.

[97] QIAN Z, ZHANG X. Reversible data hiding in encrypted image with distributed source encoding [J]. IEEE Transactions on Circuits and Systems for Video Technology, 2016, 26(4): 636 - 646.

[98] ZHENG S, LI D, HU D, et al. Lossless data hiding algorithm for encrypted images with high capacity[J]. Multimedia Tools & Applications, 2016, 75(21): 13765 - 13778.

[99] ZHANG X, WANG Z, YU J, et al. Reversible visible watermark embedded in encrypted domain [A]. Proceedings of IEEE China Summit & International

Conference on Signal & Information Processing[C]. New York：IEEE，2015.

[100] QIAN Z，ZHANG X，REN Y，et al. Block cipher based separable reversible data hiding in encrypted images[J]. Multimedia Tools & Applications，2016，75(21)：13749 - 13763.

[101] KARIM M，WONG K. Universal data embedding in encrypted domain[J]. Signal Processing，2014，94：174 - 182.

[102] ZHANG X，QIN C，SUN G. Reversible data hiding in encrypted images using pseudorandom sequence modulation[A]. Proceedings of International Workshop on Digital Forensics and Watermarking[C]. Berlin：Springer，2012.

[103] ZHANG，X. Commutative reversible data hiding and encryption[J]. Security and Communication Networks，2013，6(11)：1396 - 1403.

[104] LI M，XIAO D，ZHANG Y，et al. Reversible data hiding in encrypted images using cross division and additive homomorphism [J]. Image Communication，2015，39：234 - 248.

[105] OU B，LI X，ZHANG W. PVO-based reversible data hiding for encrypted images [A]. Proceedings of IEEE China Summit and International Conference on Signal and Information Processing[C]. New York：IEEE，2015.

[106] XU D，WANG R. Separable and error-free reversible data hiding in encrypted images[J]. Signal Processing，2016，123：9 - 21.

[107] YIN Z X，WANG H B，ZHAO H F，et al. Complete separable reversible data hiding in encrypted image[A]. Proceedings of International Conference on Cloud Computing & Security[C]. Cloud Computing and Security，2015.

[108] JAYAMURUGAN G. Lossless and reversible data hiding in encrypted images with public key cryptography[J]. IEEE Transactions on Circuits & Systems for Video Technology，2016，26(9)：1622 - 1631.

[109] 张敏情，柯彦，苏婷婷. 基于 LWE 的密文域可逆信息隐藏[J]. 电子与信息学报，2016，38(2)：354 - 360.

[110] 柯彦，张敏情，项文. 加密域的可分离四进制可逆信息隐藏算法[J]. 科学技术与工程，2016，16(27)：58 - 64.

[111] 柯彦，张敏情，刘佳. 可分离的加密域十六进制可逆信息隐藏[J]. 计算机应用，2016，36(11)：3082 - 3087.

[112] 柯彦，张敏情，苏婷婷. 基于 R - LWE 的密文域多比特可逆信息隐藏算法[J]. 计算机研究与发展，2016，53(10)：2307 - 2322.

[113] KE Y，ZHANG M Q，LIU J，et al. Amultilevel reversible data hiding scheme in encrypted domain based on LWE[J]. Journal of Visual Communication & Image Representation，2018，54：133 - 144.

[114] YAN K，ZHANG M Q，JIA L. Separablemultiple bits reversible data hiding in encrypted domain [A]. Proceedings of International Workshop on Digital Watermarking[C]. Berlin：Springer，2016.

[115]　XIANG S, LUO X. Reversibledata hiding in homomorphic encrypted domain by mirroring ciphertext group[J]. IEEE Transactions on Circuits & Systems for Video Technology, 2017, 28(11): 3099 - 3110.

[116]　WU H, DUGELAY J, Shi Y. Reversibleimage data hiding with contrast enhancement[J]. IEEE Signal Processing Letters, 2015, 22(1): 81 - 85.

[117]　WU H, HUANG J, SHI Y. A reversible data hiding method with contrast enhancement for medical images[J]. Journal of Visual Communication and Image Representation, 2015, 31: 146 - 153.

[118]　GAO G, SHI Y. Reversibledata hiding using controlled contrast enhancement and integer wavelet transform[J]. IEEE Signal Processing Letters, 2015, 22(11): 2078 - 2082.

[119]　KIM S, LUSSI R, QU X, et al. Automatic contrast enhancement using reversible data hiding[A]. In: Proceedings of IEEE International Workshop on Information Forensics & Security[C]. New York: IEEE, 2016. 1 - 5.

[120]　刘明明, 张敏情, 刘佳, 等. 一种基于浅层卷积神经网络的隐写分析方法[J]. 山东大学学报(理学版), 2018, 53(3): 63 - 70.

[121]　史晓裕, 李斌, 谭舜泉. 深度学习空域隐写分析的预处理层[J]. 应用科学学报, 2018, 36(2): 309 - 320.

[122]　翟黎明, 嘉炬, 任魏翔. 深度学习在图像隐写术与隐写分析领域中的研究进展[J]. 信息安全学报, 2018, 3(6): 2 - 12.

[123]　WANG Y, NIU K, YANG X. Information hiding scheme based on generative adversarial network[J]. Journal of Computer Application, 2018, 38(10): 177 - 182.

[124]　刘明明, 张敏情, 刘佳, 等. 基于生成对抗网络的无载体信息隐藏[J]. 应用科学学报, 2018, 36(2): 371 - 382.

[125]　TANG W, TAN S, LI B, et al. Automaticsteganographic distortion learning using a generative adversarial network[J]. IEEE Signal Processing Letters, 2017, 24(10): 1547 - 1551.

[126]　ZHANG Z, FU G, DI F, et al. Generative Reversible Data Hiding by Image to Image Translation via GANs[J]. Security and Communication Networks, 2019, DOI: 10.1155/2019/4932782.

第三章　基于四叉树分块的空间域可逆隐藏算法

3.1　空间域可逆隐藏

　　空间域又称为图像空间(Image Space)，是指由图像像素点组成的空间。空间域可逆隐藏算法主要利用数字图像相邻像素之间的相关性，直接在图像空间中进行操作，以此达到嵌入数据的目的。早期的空间域可逆隐藏算法主要基于无损压缩技术，将待嵌入信息嵌入在图像压缩后的冗余数据中。这类算法虽然设计实现较为简单，但是获得的载密图像的失真一般较大，而且其最大嵌入容量有限。另一类主流的空间域可逆隐藏算法试图基于整数变换来实现可逆隐藏。该类算法首先将图像分块，使得多个相邻像素点组成一个嵌入单元，然后使用整数变换将秘密信息嵌入到每个单元中。虽然该类算法与基于无损压缩技术的算法相比数据嵌入量有了明显提升，但是因为无法控制每个像素点的最大修改量，所以不能有效控制载密图像的失真程度。近年来，Ni 等[1]提出的基于直方图修改的方法逐渐成为空间域算法的研究热点。该类算法首先将由像素点组成的高维空间映射到低维空间，然后统计该低维空间的分布情况，生成直方图，最后通过修改直方图进行数据嵌入。基于直方图修改的空间域可逆隐藏算法由于可以更加有效地利用图像空间冗余信息，因此具有更好的嵌入性能。

　　空间域可逆隐藏领域研究的关键问题之一是如何在保持一定嵌入容量的前提下，减小载体图像经过数据嵌入后的失真程度，有效提高载密图像的图像质量。载体图像质量较高的算法也被称为高保真算法，我国学者李晓龙教授在文献[2]中提出的像素值排序(Pixel Value Ordering，PVO)算法是空间域高保真可逆隐藏领域的经典算法，也是目前该领域设计算法时考虑的主流方法。该算法在对图像分块后，用次大值预测最大值，用次小值预测最小值，将得到的预测误差基于 PEE‑HS 方法进行数据嵌入。为提高嵌入容量，Peng 等[3]提出的改进 PVO(Improved PVO，IPVO)算法和 Qu 等[4]提出的像素级像素值排序(Pixel‑based PVO，PPVO)算法分别从相对预测位置和滑动窗口两个角度进行了算法改进，其他相关改进算法还有文献[5]提出的 PVO‑K 算法和文献[6]提出的 PVO‑A 算法。

　　针对现有算法大多存在分块策略单一、分块尺度固定的问题，本书作者所在团队在文献[7]中通过在数据嵌入之前进行动态自适应分块的方法，提出了一种基于四叉树分块[8-9]和像素值排序的高保真可逆隐藏算法，即 Quadtree‑based Pixel Value Ordering，简称 QPVO。QPVO算法基于四叉树分块进行动态自适应图像分块，可以降低载体图像在数据嵌入后的嵌入失真，有效提高算法的嵌入性能。QPVO算法中设计了一种新的块复杂度计算策略，这种新的块复杂度计算策略兼顾了算法可逆性和嵌入失真。QPVO算法通过阈值选择进行四叉树图像分块，然后基于像素值排序进行数据嵌入。块复杂度计算策略和四叉树分块方法均满足可逆性原则，可以实现接收方的正确提取和可逆恢复。QPVO算法在保证嵌入容量、可逆性、鲁棒性与现有算法相当的情况下，可以有效提高载密图像的图像质量。本章将详细介绍该算法的实现步骤，并对相关仿真实验的结果进行简要分析。

3.2　四叉树分块

四叉树[10-13]（Quadtrees）也被称作"四元树"，是一种典型的树状数据结构。四叉树结构旨在提供一种有效的数据组织结构。四叉树分块基于四叉树结构实现，由于其在空间数据多分辨率划分方面的高效性，已经在图像处理等领域得到了广泛应用[14-17]。四叉树分块的基本思想是将方形图像 I（若载体图像不是方形，可以通过补充背景的方式进行延拓）按照预设的规则 rule 进行自适应的迭代划分，直至所有的图像子块均满足规则 rule。整个四叉树结构可以通过二元组（I，rule）来表示。其中，每一轮划分过程将当前图像块等分为左上（西北象限）、右上（东北象限）、左下（西南象限）以及右下（东南象限）四个子块，分别用 NW、NE、SW 和 SE 来表示。每个子块对应四叉树结构的一个节点，不满足预设规则 rule 的子块将被继续划分为下一级节点，满足规则 rule 的子块将不再被继续划分，成为叶子节点。

预设规则和四叉树分块方法的选取可以根据实际情况设定，下面以大小为 16×16 的图像块为例，对基本的四叉树分块原理进行简要介绍。假设设定的规则 rule 为：图像块的最大像素值与最小像素值之差小于阈值 T。若满足规则 rule，则将当前节点设置为叶子节点，并用二进制比特"1"表示；若不满足规则 rule，则将当前节点继续四叉树划分为四个子节点，并用"$0b_1 b_2 b_3 b_4$"表示，其中 b_1、b_2、b_3 和 b_4 分别对应于 NW、NE、SW 和 SE 四个子块。然后，依次判断子节点 b_i 是否满足规则 rule，若不满足，则继续划分。如图 3-1 所示，图像块四叉树划分深度为 4，最终得到的编码为"0001111101000"。

值得注意的是，针对 16×16 的图像块，直接利用上述方法进行编码，最少需要 1 bit 数据，最多需要 21 bit 数据，因此自然图像直接采用上述方法进行压缩的效率并不高，但是本节算法可以借鉴四叉树分块的思想进行图像动态划分。

为直观表示上述四叉树划分的过程，选取标准测试图像"Lena"进行划分，示例图如图 3-2 所示。其中，载体图像大小为 512×512，最小尺寸设定为 2×2，规则 rule 中 T 值选取分别为 $T=50$、$T=100$ 和 $T=150$。从图中看出，四叉树划分主要取决于规则 rule 的制定以及参数的选取。在上述例子中，T 值越小，图像块四叉树划分的概率越大，最终得到的图像块尺寸越小，相当于得到的是图像"分辨率"。因此，四叉树划分的规则 rule 以及参数应根据实际需求选取。

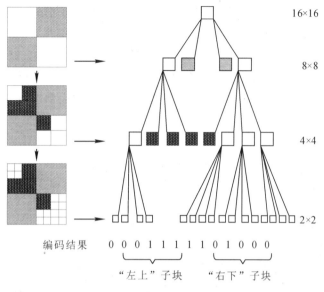

图 3 - 1　四叉树分块示例图

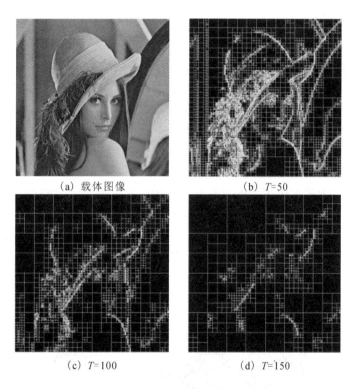

（a）载体图像　　　　　　　　（b）T=50

（c）T=100　　　　　　　　（d）T=150

图 3 - 2　"Lena"图像四叉树划分示例图

3.3　基于四叉树分块的可逆隐藏算法设计

本节主要介绍基于四叉树分块的可逆算法基本框架和实现步骤。发送方根据块复杂度计算和阈值选择方法进行原始载体图像的四叉树分块，然后基于改进的像素值排序方法进行数据嵌入操作。由于数据嵌入过程不影响块复杂度计算的结果，因此接收方可以根据块复杂度计算结果和阈值选择方法得到与发送方完全相同的图像四叉树分块结果。在此基础上，基于数据嵌入方法的可逆性，接收方可以进行正确的图像恢复和数据提取操作，得到与原始图像相比无任何失真的恢复图像以及正确的提取数据。基于四叉树分块的空间域可逆算法的基本框架如图 3-3 所示。

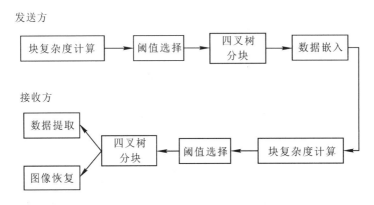

图 3-3　基于四叉树分块的空间域可逆隐藏算法的基本框架

1. 块复杂度计算

　　四叉树分块时最核心的问题是确定四叉树分块的预设规则 rule 和相关参数，即确定当图像块符合什么条件时进行下一级划分。实验表明，当嵌入容量一定时，优先选择较为平滑的区域进行数据嵌入将带来更好的嵌入性能。因此，提出块复杂度函数（Block Complexity Function，BCF）的概念，以便在后续步骤中针对当前处理块进行 BCF 值计算，作为四叉树图像分块的主要依据。

　　图像区别于文本等多媒体文件的最大特点是其具有一定的空间结构以及纹理特性。在图像分解与重构领域[18-22]，纹理信息是图像信息的重要组成部分，可以通过对纹理复杂度进行有效度量来确定块复杂度。根据 QPVO 算法的基本嵌入原理，在纹理信息较为平滑的区域进行数据嵌入将获得更好的嵌入性能；相反，在纹理信息较为复杂的区域进行数据嵌入将获得相对较差的嵌入性能。如图 3-4 所示，在图像"Lena"中选取两个图像块 A 和 B，根据纹理信息的定义，图像块 A 的纹理复杂度大于图像块 B 的纹理复杂度。

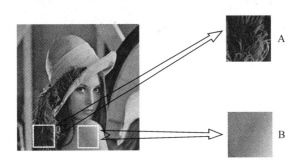

图 3-4　纹理复杂度示意图

不同的图像处理领域计算纹理复杂度的方法不同。本章 BCF 值的计算方式需要满足接收方可逆性，即在接收方接收到嵌入数据的图像后仍然可以正确计算出当前块的 BCF 值。由于 QPVO 算法在数据嵌入过程中使用的最小单元是大小为 2×2 的图像块，且图像块的最大值和最小值都有可能改变，因此，为保证算法可逆性，块复杂度通过最小图像块中的次大值和次小值来计算。为简化，假设载体图像大小为 $2^n \times 2^n$，其中 n 为正整数。由于图像分块采用四叉树划分，因此整个算法只涉及大小为 $2^k \times 2^k$ 的块，其中 $1 \leqslant k \leqslant n$。假设当前待处理的图像块为 block，其大小为 $2^k \times 2^k$，首先将该图像块等分为 N 个大小为 2×2 的子图像块 $\{B_1, B_2, \cdots, B_N\}$。如果图像块 block 本身的大小为 2×2，则 $N=1$。图像块 block 的 BCF 值定义为

$$BCF = \frac{1}{N} \sum_{i=1}^{N} (S_{i1} - S_{i2}) \qquad (3-1)$$

其中，S_{i1} 和 S_{i2} 分别代表第 i 个图像子块 B_i 的次大值和次小值。BCF 值主要用来表示当前图像块的纹理复杂程度，因此较为平滑的图像块比纹理较为复杂的图像块的 BCF 值要小。图 3-5 所示为 BCF 值的计算示例。图像块 B 首先等分为四个图像子块，最终按照式(3-1)求得的 BCF 值为 0.5。

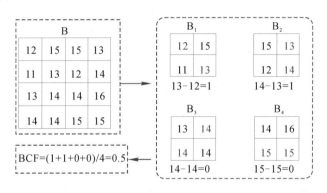

图 3-5　BCF 值计算示例

2. 数据嵌入

数据嵌入主要基于像素值排序策略和四叉树动态划分进行。数据嵌入主要分为尺寸判断、图像分块、块排序等环节。基本的实现步骤如下：

步骤一：尺寸判断。判断当前图像块 B(当输入载体图像执行第一步时，该图像看作一个特殊的图像块)的尺寸是否符合要求。假设当前图像块大小为 $2^n \times 2^n$，即判断 n 值是否大于零：当 $n \leqslant 0$ 时，结束当前图像块的嵌入过程；当 $n > 0$ 时，执行后续步骤。

步骤二：图像分块。根据式(3-1)的定义，计算当前 B 块的块复杂度值 BCF，并与某一阈值 T 进行比较。其中，阈值 T 既可以是预设的特定值，也可以自适应产生。通过对块复杂度 BCF 值和阈值 T 进行比较，执行以下步骤：若 $BCF > T$，则将当前的图像块 B 进行等分，等分为四个互不重叠的更小尺寸的子图像块 $\{B_1, B_2, B_3, B_4\}$(尺寸大小为 $2^{n-1} \times 2^{n-1}$)，然后，对四个子图像块依次从步骤一开始迭代执行；若 $BCF \leqslant T$，则记录下当前的图像块。

上述图像分块过程在所有图像块被记录下之前将一直迭代下去，最后得到四叉树划分

后的分块图像。图 3-6 所示为基于四叉树分块的图像分块示意图。在执行完步骤二之后，将得到四叉树分块后的所有图像块。图 3-7 给出了标准测试图像"Lena"的分块示例。其中，图 3-7(a)所示为 Lena 图像中随机选取的大小为 $32 \times 32 (2^5 \times 2^5)$ 的图像块；图 3-7(b)所示为给定阈值 T 后进行四叉树分块后的所有图像块；图 3-7(c)所示为该划分所对应的四叉树结构示意图。

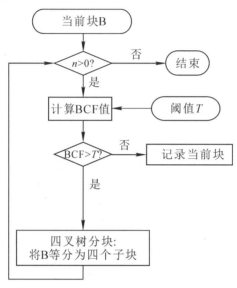

图 3-6 图像分块示意图

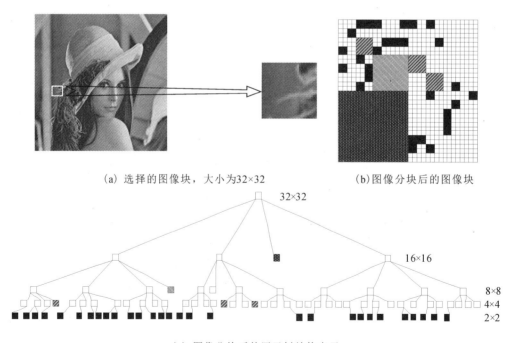

(a) 选择的图像块，大小为32×32   (b)图像分块后的图像块

(c) 图像分块后的四叉树结构表示

图 3-7 图像 Lena 的四叉树分块示例

步骤三：块排序。图像分块环节将平滑图像块划分为较大块，将纹理复杂的图像块划分为较小图像块。为实现根据图像块的平滑程度进行不同优先级嵌入，将图像块按照尺寸由大到小进行排序。对于尺寸相同的图像块，按照从左上角到右下角方向依次逐行扫描的方式进行排序。图 3-8 所示为图像排序示例。图中的数字代表图像块的最终排序。

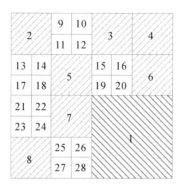

图 3-8　图像块排序示例

步骤四：按照排序逐图像块进行数据嵌入。首先，将待嵌入图像块分为若干个互不重叠的大小为 2×2 的子图像块，然后针对每个子图像块进行自适应地数据嵌入。假设子图像块像素组成为 (x_1, x_2, x_3, x_4)，将上述像素值组合排序为 $(x_{\sigma(1)}, x_{\sigma(2)}, x_{\sigma(3)}, x_{\sigma(4)})$，其中 σ 为满足以下条件的映射：$\sigma:\{1, 2, 3, 4\} \rightarrow \{1, 2, 3, 4\}$，$x_{\sigma(1)} \leqslant x_{\sigma(2)} \leqslant x_{\sigma(3)} \leqslant x_{\sigma(4)}$。此外，若 $x_{\sigma(i)} = x_{\sigma(j)}$，且 $i < j$，则 $\sigma(i) < \sigma(j)$。

步骤五：计算差值。由最大值计算差值的公式如下：

$$\mathrm{PE}_{\max} = x_u - x_v \tag{3-2}$$

其中，$u = \min(\sigma(3), \sigma(4))$，$v = \max(\sigma(3), \sigma(4))$。数据嵌入通过修改最大值 $x_{\sigma(4)}$ 来完成，具体原理如下：

$$x_{\sigma(4)}^* = \begin{cases} x_{\sigma(4)} + b, & \mathrm{PE}_{\max} = 1 \\ x_{\sigma(4)} + 1, & \mathrm{PE}_{\max} > 1 \\ x_{\sigma(4)} + b, & \mathrm{PE}_{\max} = 0 \\ x_{\sigma(4)} + 1, & \mathrm{PE}_{\max} < 0 \end{cases} \tag{3-3}$$

其中，$x_{\sigma(4)}^*$ 代表原始像素值经过修改后的像素值，二进制比特 $b \in \{0, 1\}$，代表待嵌入秘密信息比特。

与最大值嵌入类似，由最小值计算差值的公式如下：

$$\mathrm{PE}_{\min} = x_s - x_t \tag{3-4}$$

其中，$s = \min(\sigma(1), \sigma(2))$，$t = \max(\sigma(1), \sigma(2))$。数据嵌入通过修改最小值 $x_{\sigma(1)}$ 来完成，具体原理如下：

$$x_{\sigma(1)}^* = \begin{cases} x_{\sigma(1)} - b, & \mathrm{PE}_{\min} = 1 \\ x_{\sigma(1)} - 1, & \mathrm{PE}_{\min} > 1 \\ x_{\sigma(1)} - b, & \mathrm{PE}_{\min} = 0 \\ x_{\sigma(1)} - 1, & \mathrm{PE}_{\min} < 0 \end{cases} \tag{3-5}$$

其中，$x_{\sigma(1)}^*$ 代表原始像素值经过修改后的像素值，二进制比特 $b \in \{0, 1\}$，代表待嵌入秘密信息比特。

　　本章的数据嵌入环节只改变图像子块中的最大值和最小值，修改与否取决于最大值与次大值、最小值与次小值之间的差值大小。该过程与基于预测误差的直方图平移过程类似，相当于用最大值预测次大值，用最小值预测次小值，差值相当于预测误差。上述过程中的 PE_{min} 和 PE_{max} 相当于预测误差，式(3-3)和式(3-5)代表的数据嵌入过程基于预测误差的直方图平移，基本原理如图3-9所示。

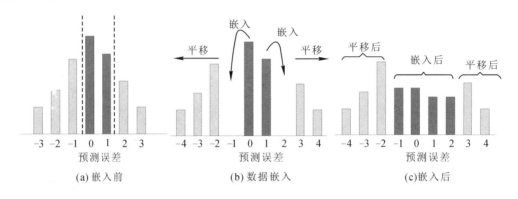

图 3-9　预测误差直方图平移原理图

　　以图3-5中的图像块 B_3 为例，数据嵌入过程如图3-10所示。由于该图像块的预测误差 PE_{max} 符合嵌入条件，最终通过修改像素值 $x_{\sigma(4)}$ 嵌入1比特信息。

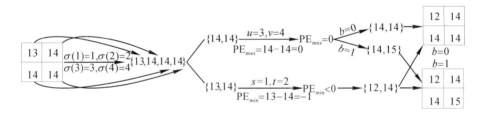

图 3-10　某图像块的 QPVO 嵌入示意图

　　为解决数据溢出问题，本章采用设置定位图(Location Map，LM)的方式。以8位灰度图像为例，所谓数据溢出，是指当载体图像中出现像素值0或者255时，式(3-3)和式(3-5)中的"+1"或"-1"操作会引起嵌入结果超出像素值范围的情况。LM用于记录载体图像中像素为0或者255的位置(由于实际的自然图像中值为0和255的像素较少，因此LM的数据量往往较小)，以便接收方可以在恢复秘密信息时确定该像素属于原始像素还是修改过的像素。为了保证算法的可逆性，选取的阈值 T 值和总数据长度 L(总数据包括三个部分，将在本段末尾总结)通过LSB替换的方法被载密图像中的某些特殊位置(比如载体图像的第一行)替换。在上述特殊位置上的LSB信息被视为边信息，也被视为待嵌入信息的一部分。综上所述，待嵌入的数据结构包括三个部分：秘密信息数据、位置图信息以及特定位置的LSB信息。

　　本章提出的QPVO算法的嵌入性能与阈值 T 显著相关，阈值 T 定义为块复杂度参数BCF的百分比。确定阈值 T 的方法有两种：一种是根据载体图像内容或载体图像的频率信息预先选择合适的 T；另一种是通过穷举搜索自适应地找到具有最低图像失真的最优 T。

前一种方法需要一定的先验知识，适用于对算法复杂度要求不是很高的场合；后一种方法计算复杂度较高，适用于待处理图像数量不是很多的场合。综上，本章提出的 QPVO 算法中，待嵌入数据是按图像块的优先级顺序进行嵌入的。利用块复杂度的计算，在载体图像中确定平滑区域和纹理复杂区域，优先使用平滑区域嵌入数据，以获得更好的嵌入性能。

3. 数据提取

在数据提取过程中，接收方首先通过提取特定位置的 LSB 信息得到包括阈值 T、数据总长度 L 在内的辅助信息。通过辅助信息和以下算法步骤进行秘密信息的提取：

步骤一：将载密图像作为载体图像块，然后进行图像分块和图形块排序。由于数据嵌入阶段未改变图像块的次大值和次小值，因此接收方可以按照相同的方法步骤基于四叉树分块进行图像分块和图像块排序。该步骤得到的图像块以及图像块优先级与发送方完全相同。

步骤二：按照确定的优先级顺序逐图像块进行数据提取。首先，将当前图像块等分为若干个互不重叠的 2×2 类型的子图像块。利用与嵌入过程相同的方法，由原始像素集合 (x_1, x_2, x_3, x_4) 映射为集合 $(x_{\sigma(1)}, x_{\sigma(2)}, x_{\sigma(3)}, x_{\sigma(4)})$。

步骤三：在载体像素组成的图像块中计算最小值预测误差：

$$\mathrm{PE}_{\min}^* = x_s^* - x_t^* \tag{3-6}$$

其中，$s = \min(\sigma(1), \sigma(2))$，$t = \max(\sigma(1), \sigma(2))$。根据直方图平移方法的基本原理，秘密信息的提取过程如下：

(1) 若 $\mathrm{PE}_{\min}^* > 0$，则 $x_s^* > x_t^*$。因此，$\sigma(1) > \sigma(2)$，$s = \sigma(2)$，$t = \sigma(1)$。此时，若 $\mathrm{PE}_{\min}^* \in \{1, 2\}$，则秘密信息比特为 $b = \mathrm{PE}_{\min}^* - 1$；若 $\mathrm{PE}_{\min}^* > 2$，则此处未嵌入秘密信息。

(2) 若 $\mathrm{PE}_{\min}^* \leqslant 0$，则 $x_s^* \leqslant x_t^*$。因此，$\sigma(1) < \sigma(2)$，$s = \sigma(1)$，$t = \sigma(2)$。此时，若 $\mathrm{PE}_{\min}^* \in \{0, -1\}$，则秘密信息比特为 $b = -\mathrm{PE}_{\min}^*$；若 $\mathrm{PE}_{\min}^* < -1$，则此处未嵌入秘密信息。

与之类似，计算最大值预测误差：

$$\mathrm{PE}_{\max}^* = x_u^* - x_v^* \tag{3-7}$$

其中，$u = \min(\sigma(3), \sigma(4))$，$v = \max(\sigma(3), \sigma(4))$。根据直方图平移方法的基本原理，最大值嵌入的秘密信息 b 的提取过程如下：

(1) 若 $\mathrm{PE}_{\max}^* > 0$，则 $x_u^* > x_v^*$。因此，$\sigma(4) < \sigma(3)$，$u = \sigma(4)$，$v = \sigma(3)$。此时，若 $\mathrm{PE}_{\max}^* \in \{1, 2\}$，则秘密信息比特为 $b = \mathrm{PE}_{\max}^* - 1$；若 $\mathrm{PE}_{\max}^* > 2$，则此处未嵌入秘密信息。

(2) 若 $\mathrm{PE}_{\max}^* \leqslant 0$，则 $x_u^* \leqslant x_v^*$。因此，$\sigma(4) > \sigma(3)$，$u = \sigma(3)$，$v = \sigma(4)$。此时，若 $\mathrm{PE}_{\max}^* \in \{0, -1\}$，则秘密信息比特为 $b = -\mathrm{PE}_{\max}^*$；若 $\mathrm{PE}_{\max}^* < -1$，则此处未嵌入秘密信息。

本章算法在嵌入与提取方面主要基于像素值排序和直方图平移，因此在不考虑恶意攻击和传输错误的情况下，理论上可以达到提取信息 100% 的正确率。

4. 图像恢复

可逆隐藏区别于传统信息隐藏方法的最大之处在于，算法要求接收方可以将载体图像可逆恢复。QPVO 算法实现图像恢复的过程与秘密数据提取的过程相类似。下面介绍图像恢复的具体步骤：

步骤一：将载密图像作为载体图像块，然后进行图像分块和图形块排序。由于数据嵌入阶段未改变图像块的次大值和次小值，因此接收方可以按照相同的方法步骤基于四叉树分块进行图像分块和图像块排序。该步骤得到的图像块以及图像块优先级与发送方完全相同。

步骤二：按照确定的优先级顺序逐图像块进行图像恢复。首先，将当前图像块等分为若干个互不重叠的 2×2 类型的子图像块。利用与嵌入过程相同的方法，由原始像素集合 (x_1, x_2, x_3, x_4) 映射为集合 $(x_{\sigma(1)}, x_{\sigma(2)}, x_{\sigma(3)}, x_{\sigma(4)})$。

步骤三：在载体像素组成的图像块中计算最小值预测误差：

$$\mathrm{PE}^*_{\min}=x^*_s-x^*_t \qquad\qquad (3-8)$$

其中，$s=\min(\sigma(1), \sigma(2))$，$t=\max(\sigma(1), \sigma(2))$。假设 $\hat{x}_{\sigma(1)}$ 和 b 分别代表像素的恢复值和提取出的秘密信息比特。由于嵌入过程仅仅修改了该图像块的最小值 $x_{\sigma(1)}$，因此根据式 $(3-5)$ 的嵌入原理，最小值 $x_{\sigma(1)}$ 的恢复过程如下：

(1) 若 $\mathrm{PE}^*_{\min}>0$，则 $x^*_s>x^*_t$。因此，$\sigma(1)>\sigma(2)$，$s=\sigma(2)$，$t=\sigma(1)$。此时，若 $\mathrm{PE}^*_{\min}\in\{1,2\}$，则恢复值为 $\hat{x}_{\sigma(1)}=x^*_t+b$；若 $\mathrm{PE}^*_{\min}>2$，则恢复值为 $\hat{x}_{\sigma(1)}=x^*_t+1$。

(2) 若 $\mathrm{PE}^*_{\min}\leqslant0$，则 $x^*_s\leqslant x^*_t$。因此，$\sigma(1)<\sigma(2)$，$s=\sigma(1)$，$t=\sigma(2)$。此时，若 $\mathrm{PE}^*_{\min}\in\{0,-1\}$，则恢复值为 $\hat{x}_{\sigma(1)}=x^*_s+b$；若 $\mathrm{PE}^*_{\min}<-1$，则恢复值为 $\hat{x}_{\sigma(1)}=x^*_s+1$。

相应地，在载体像素组成的图像块中计算最大值预测误差：

$$\mathrm{PE}^*_{\max}=x^*_u-x^*_v \qquad\qquad (3-9)$$

其中，$u=\min(\sigma(3), \sigma(4))$，$v=\max(\sigma(3), \sigma(4))$。$\hat{x}_{\sigma(1)}$ 和 b 分别代表像素的恢复值和提取出的秘密信息比特。由于嵌入过程仅仅修改了该图像块的最大值 $x_{\sigma(4)}$，因此根据式 $(3-3)$ 的嵌入原理，图像块最大值 $x_{\sigma(1)}$ 的恢复过程如下：

(1) 若 $\mathrm{PE}^*_{\max}>0$，则 $x^*_u>x^*_v$。因此，$\sigma(4)<\sigma(3)$，$u=\sigma(4)$，$v=\sigma(3)$。此时，若 $\mathrm{PE}^*_{\max}\in\{1,2\}$，则恢复值为 $\hat{x}_{\sigma(4)}=x^*_u-b$；若 $\mathrm{PE}^*_{\max}>2$，则恢复值为 $\hat{x}_{\sigma(4)}=x^*_u-1$。

(2) 若 $\mathrm{PE}^*_{\max}\leqslant0$，则 $x^*_u\leqslant x^*_v$。因此，$\sigma(4)>\sigma(3)$，$u=\sigma(3)$，$v=\sigma(4)$。此时，若 $\mathrm{PE}^*_{\max}\in\{0,-1\}$，则恢复值为 $\hat{x}_{\sigma(4)}=x^*_v-b$；若 $\mathrm{PE}^*_{\max}<-1$，则恢复值为 $\hat{x}_{\sigma(4)}=x^*_v-1$。

为便于理解，图 3-9 所示的图像块在数据嵌入后由接收方进行数据提取和图像块恢复的过程如图 3-11 所示。

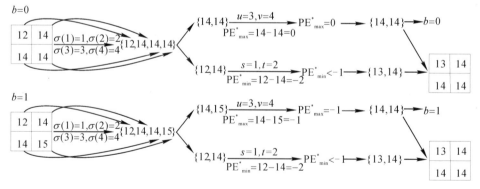

图 3-11　QPVO 算法的数据提取和图像恢复示例

此外，根据嵌入原理，提取得到的数据中还包含定位图数据以及特定位置的 LSB 信息数据。定位图数据用于判断像素值为 0 或者 255 的位置是否经过数据嵌入，LSB 信息数据用于恢复用于标记辅助信息的特殊像素。综上，经过图像恢复过程，所有原始像素值均可以无失真地恢复。

3.4　仿真实验与性能分析

为验证 QPVO 算法的有效性，下面将从可逆性、图像质量、嵌入容量和鲁棒性四个方面进行对比分析。实验采用联想 Thinkpad 品牌笔记本电脑，Windows 7 操作系统，CPU型号为 Intel 酷睿 i5 8300U，主频 2.30 GHz，内存大小为 8.00 GB。实验仿真软件选择为 R2016a(9.0 版本)。在图像集方面，选择 USC – SIPI 数据库[23]。

首先对参数选择进行简单介绍。

1. 参数选择

阈值 T 是 QPVO 算法的重要参数，是影响算法嵌入性能的主要因素。QPVO 算法提供了两种确定阈值 T 的方式。

1) 参数固定方式

发送方根据实际需要选择一个固定的 T 值，此时阈值 T 作为辅助信息也传送给接收方，接收方通过辅助信息直接获取该阈值。具体流程为：

（1）计算载体图像的 BCF 值（此时将整个图像作为一个图像块），用符号 R 表示。

（2）根据实际需要，选取一个小数 r，其中 $0 < r < 1$。

（3）计算 $T = rR$，作为最终的阈值，并发送给对方。

除前文提到的图像"Lena"外，其他测试图像分别为"F16"、"Barbara"等，如图 3 - 12所示，图像大小均为 512×512。十幅图像的 R 值如表 3 - 1 所示。以 Lena 图像为例，参数选择对图像分块和不同尺寸图像块个数的影响如图 3 - 13 和表 3 - 2 所示。其中，表中的"2×2"代表图像块尺寸。由此可见，划分的图像块尺寸随着阈值增大而增大。当 $T > R$ 时，四叉树只有一个根节点，载体图像块未进行第一轮划分。图 3 - 14 所示为 Lena 图像 PSNR（峰值信噪比，衡量图像质量）随嵌入量变化而改变的性能图，payload 代表嵌入量。由图可看出，随着参数 r 值的增大，嵌入容量增大，图像质量变差。

| (a) F16 | (b) Barbara | (c)Elaine |
| (d) Peppers | (e) House | (f) Sailboat |

(g) Boat　　　　　　　　　(h) Tiffany　　　　　　　　(i) Goldhill

图 3 - 12　　部分测试图像（QPVO 算法）

表 3 - 1　　不同图像的 R 值

图像	Lena	F16	Goldhill	Barbara	Boat	Peppers	House	Sailboat	Elaine	Tiffany
R 值	3.87	5.13	5.64	9.07	6.59	4.65	7.15	6.59	4.19	5.53

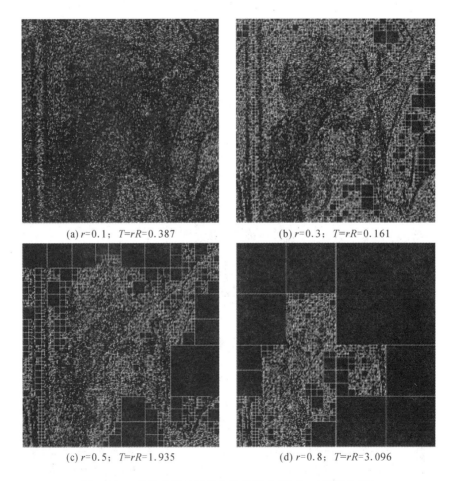

(a) $r=0.1$；$T=rR=0.387$　　　　　　(b) $r=0.3$；$T=rR=0.161$

(c) $r=0.5$；$T=rR=1.935$　　　　　　(d) $r=0.8$；$T=rR=3.096$

图 3 - 13　　参数选择对图像分块的影响（以 Lena 图像为例）

表 3-2　参数选择对不同尺寸图像块个数的影响(以 Lena 图像为例)

T	2×2	4×4	8×8	16×16	32×32	64×64	128×128	256×256
0.5	8830	885	21	0	0	0	0	0
1	16446	2129	256	21	2	0	0	0
1.5	8936	1775	343	90	24	4	0	0
2	8848	1483	379	95	21	10	1	0
2.5	5318	1126	263	70	16	8	5	0
3	3951	742	164	31	6	3	6	1
3.5	1894	423	89	22	8	3	0	3
4	0	0	0	0	0	0	0	0

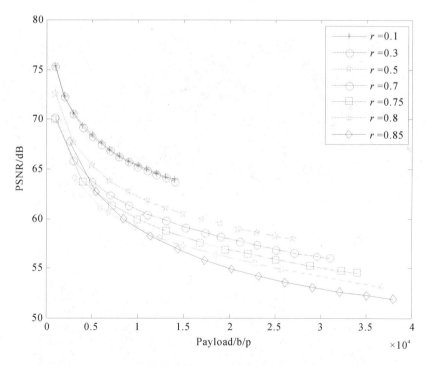

图 3-14　参数选择对嵌入性能的影响(以 Lena 图像为例)

2) 参数自适应方式

参数自适应方式即根据给定的嵌入量自适应地确定参数。具体流程如下:

(1) 设置参数 r 的初始值 r_0 以及增量 Δr。例如,$r_0=0.1$,$\Delta r=0.05$。

(2) 输入待嵌入的秘密信息,假设待嵌入的数据量为 payload,根据参数 r 的当前值,计算最大可以嵌入的数据量 EC。若 payload≤EC,则当前 r 值设置为最终的参数值;否则，执行(3)。

(3) 通过以下方式更新参数 r 值：$r=r+\Delta r$，并执行(2)。

综上所述，两种参数选择方式各有优势与不足，需要根据实际应用场景选择。参数固定的方式计算简单，更适合于对计算复杂度要求不高的场合；参数自适应的方式计算复杂度较高，更适合于对嵌入性能要求相对更高的场合。

2. 可逆性验证

可逆性是可逆隐藏算法最基础的指标。为验证 QPVO 算法的可逆性，选择标准测试图像"Lena"作为载体图像进行算法可逆性验证。为增加可逆性实验的直观性，选择二进制测试图像"Rice"作为秘密信息图像。实验结果如图 3－15 所示。其中，图 3－15(a) 所示为载体图像，图像尺寸为 512×512。图 3－15(b) 所示为作为秘密信息的二进制图像，图像尺寸为 150×150。根据秘密信息图像的尺寸，数据嵌入环节设置的参数为 $T=0.3R$。图 3－15(c) 所示为经过数据嵌入后的载密图像，该图像与载体图像相比失真较小，在人眼视觉方面几乎无法察觉到任何差异。图 3－15(d) 所示为经过数据提取环节后提取到的秘密信息，经过数据对比，该图像与秘密信息图像完全一致。图 3－15(e) 所示为经过图像恢复算法得到的恢复图像，经过数据对比，该图像与载体图像一致。实验表明，QPVO 算法满足可逆性原则，接收方不但可以正确提取到秘密信息，还可以无失真地恢复载体图像。

 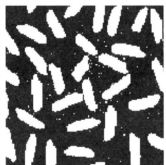 

(a) 载体图像　　　　　　　(b) 秘密信息图像　　　　　　　(c) 载密图像

(d) 提取信息图像　　　　　　　(e) 恢复图像

图 3－15　QPVO 算法可逆性示意图

3. 图像质量对比

空间域可逆隐藏算法最重要的性能衡量指标之一，是载体图像在数据嵌入以后的图像质量，主要通过嵌入后图像与嵌入前图像相比的失真程度来表示。嵌入后失真越大，意味着图像质量越差；嵌入后失真越小，意味着图像质量越好。衡量指标有峰值信噪比 PSNR 和结构相似度 SSIM，其中前者是主流方法。为测试 QPVO 算法的图像质量性能，选择十幅标准图像作为测试图像，所有图像均处理为 512×512 大小的 8 位灰度图像。使用随机生成的伪随机二进制比特作为秘密信息比特。图 3-16 所示为 QPVO 算法与现有算法在参数固定情况下的图像质量对比结果。对比算法选取三种经典的空间域高保真可逆算法：Li 等提出的 PVO 算法[2]、Peng 等提出的 IPVO 算法[3] 和 Qu 等提出的 PPVO 算法[4]。QPVO 算法参数选取为：$T = 0.1R$，$T = 0.3R$ 以及 $T = 0.5R$。实验表明，与现有算法相比，QPVO 算法在固定参数情况下可以取得更好的嵌入性能（嵌入量相同的情况下，PSNR 值更高）。当嵌入量较小时，算法优势更加明显。因此可以根据嵌入量选择参数：当嵌入量较小时，可以选择相对较小的参数，例如 $T \leqslant 0.3R$；当嵌入量较大时，可以选择相对较大的参数，例如 $T \geqslant 0.5R$。

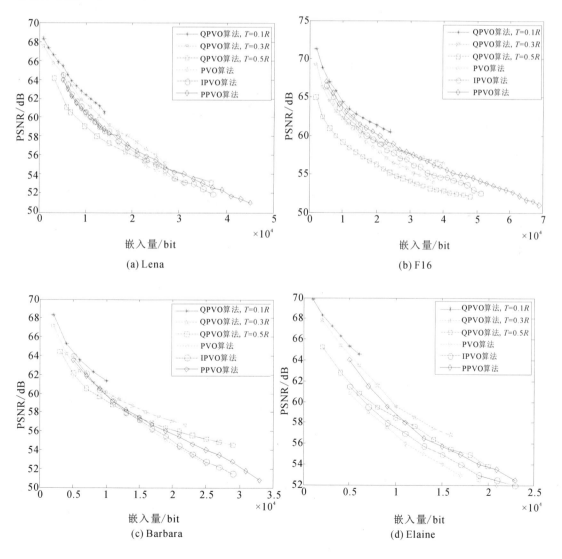

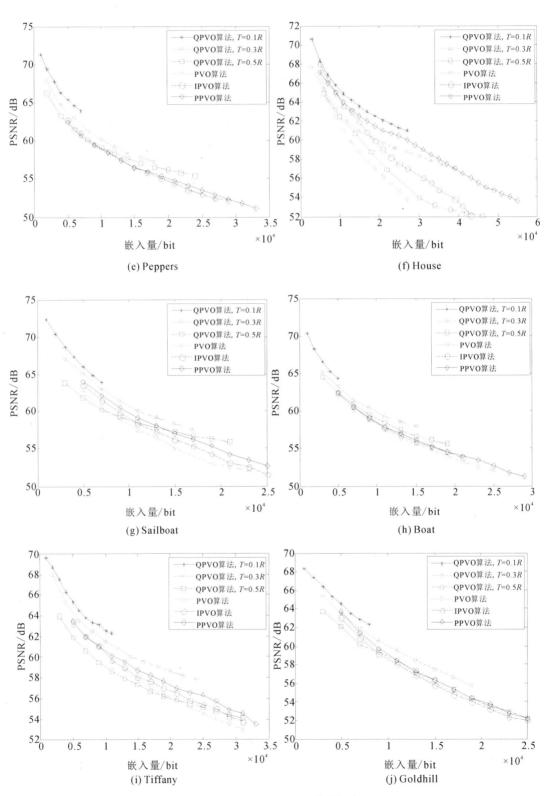

图 3-16　图像质量对比(参数恒定)

　　从图 3-16 可以看出，QPVO 算法性能除了受参数选择因素影响之外，也与载体图像内容（或图像分布特性）有关。例如，图像"F16"平滑区域较多，当 $T=0.3R$ 时，QPVO 算法与现有算法相比并无明显优势。因此，对于图像质量要求较高而对算法复杂度要求较低的场合，发送方也可以根据载体图像内容自适应选择参数。图 3-17 所示为根据图像内容自适应选择参数的情况下，QPVO 算法与现有算法对比的结果。对比算法除了前文的三种算法外，增加了 Ou 等提出的 PVO-K 算法[5]和 Weng 等提出的 PVO-A 算法[6]。由图中可以看出，QPVO 算法在不同类型的图像测试中，均可以有效提高现有算法的 PSNR 值，提高载密图像的图像质量。为增加实验的说服力，表 3-3 给出了针对图像 Lena 进行 SSIM 比较的测试结果，进一步验证了 QPVO 算法的有效性。

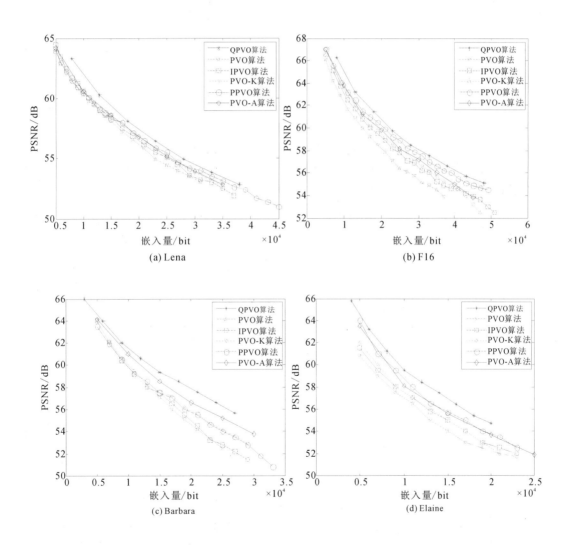

图 3-17　图像质量对比（参数自适应选择）

表 3－3　QPVO 算法与现有算法对比的 SSIM 结果（以 Lena 图像为例）

嵌入量	PVO 算法	IPVO 算法	QPVO 算法
5000	0.9996	0.9996	0.9997
10 000	0.9991	0.9991	0.9993
15 000	0.9987	0.9987	0.9989
20 000	0.9983	0.9982	0.9988
25 000	0.9979	0.9978	0.9987
30 000	0.9975	0.9974	0.9979

4. 嵌入容量和鲁棒性

QPVO 算法主要用于提高空间域算法的图像质量，下面对算法嵌入容量以及鲁棒性等性能进行分析。以 Lena 图像为例，最大嵌入量 EC 与阈值参数 T 之间的关系如表 3－4 所示，最大嵌入量随阈值增加而增加。在自适应选择参数的情况下，QPVO 与现有算法的最大嵌入量比较结果如表 3－5 所示。由于 QPVO 算法最小分块尺寸与现有算法相同，均为 2×2 大小，且均基于像素值排序原理，因此最大嵌入量相同。

表 3－4　最大嵌入量与阈值参数之间的关系（以 Lena 图像为例）

T	0.5	1	1.5	2	2.5	3	3.5	4
EC	8873	21211	26712	31725	34132	36227	37327	38588

表 3－5　QPVO 与现有算法的最大嵌入量比较

算法	图　　像								
	Lena	F16	Goldhill	Barbara	Boat	Peppers	House	Sailboat	Elaine
PVO	38588	48722	31738	25180	29561	46686	26085	25137	35117
IPVO	38588	48722	31738	25180	29561	46686	26085	25137	35117
QPVO	38588	48722	31738	25180	29561	46686	26085	25137	35117

为分析 QPVO 算法针对椒盐噪声等常见攻击时的鲁棒性，将 QPVO 算法与现有算法进行对比。此处用于衡量鲁棒性的性能指标为提取比特错误率（Bit Error Ratio，BER），即接收方在接收到经过攻击的载密图像后可以正确提取的消息比特在所有接受比特中所占的比例。表 3－6 给出了 QPVO 算法与现有算法的 BER 比较结果。其中，QPVO 算法选择的参数大小为 $T=0.5R$，PVO 和 IPVO 算法中采用的分块大小均为 2×2。实验结果为针对十幅图像多次实验取平均值的结果。结果显示，QPVO 算法与现有的

高保真算法均几乎不具有鲁棒性，这与空间域可逆隐藏应用场景有关。传统的可逆隐藏算法具有脆弱水印的特性，因此往往并不考虑算法的鲁棒性，后续章节所介绍的算法也不再对鲁棒性进行比较。

表 3－6 QPVO算法与现有算法的 BER 比较

攻击类型	PVO	IPVO	QPVO
椒盐噪声	0.5022	0.4952	0.4979
高斯噪声	0.4981	0.5036	0.4983
斑点噪声	0.4952	0.4995	0.5040

3.5 本章小结

空间域算法是图像可逆信息隐藏领域重点研究的重要分支，也是压缩域算法、加密域算法等其他类型算法研究的重要基础。如何在保证嵌入量可以满足应用需求的前提下，提高载密图像的图像质量是当前空间域算法急需解决的一个问题。基于像素值排序的可逆隐藏算法是当前空间域高保真可逆隐藏领域的主流算法，本章主要介绍了一种针对基于像素值排序的高保真可逆隐藏算法的改进算法 QPVO。首先对算法提出的背景和研究动机进行了分析，然后对四叉树分块进行了概述，对算法基于的四叉树编码相关思想和原理进行了简要介绍。在算法原理及实现步骤部分，根据 QPVO 算法的实现步骤，对四个环节进行了详细介绍。在性能分析部分，先介绍了参数选择，再对仿真实验及结果分析从可逆性验证、图像质量对比以及嵌入量和鲁棒性等方面进行实验分析，证明了 QPVO 算法可以在保证嵌入量、鲁棒性、可逆性等嵌入性能与现有算法相当的情况下，有效提高载密图像的图像质量。

本章参考文献

[1] NI Z, SHI Y Q, ANSARI N, et al. Reversible data hiding[J]. IEEE Transactions on Circuits & Systems for Video Technology, 2006, 16(3): 354 – 362.

[2] LI X, LI J, LI B, et al. High-fidelity reversible data hiding scheme based on pixel-value-ordering and prediction-error expansion[J]. Signal Processing, 2013, 93(1): 198 – 205.

[3] PENG F, LI X, YANG B. Improved PVO-based reversible data hiding[J]. Digital Signal Processing, 2014, 25: 255 – 265.

[4] QU X, KIM H. Pixel-based pixel value ordering predictor for high-fidelity reversible data hiding[J]. Signal Processing, 2015, 111(C): 249 – 260.

[5] OU B, LI X, ZHAO Y, et al. Reversible data hiding using invariant pixel-value-

ordering and prediction-error expansion [J]. Signal Processing：Image Communication，2014，29(7)：760 – 772.

[6]　WENG S, LIU Y, PAN J, et al. Reversible data hiding based on flexible block-partition and adaptive block-modification strategy [J]. Journal of Visual Communication and Image Representation，2016，41：185 – 199.

[7]　DI F Q, ZHANG M Q, LIAO X, et al. High-fidelity reversible data hiding by quadtree-based pixel value ordering [J]. Multimedia Tools and Applications，2019，78(6)：7125 – 7141.

[8]　LIANG H, LEI Z, DING X, et al. Toward mitigating stratified tropospheric delays in multitemporal InSAR：a quadtree aided joint model[J]. IEEE Transactions on Geoscience & Remote Sensing，2018，57(1)：291 – 303.

[9]　FINKEL R, BENTLEY J. Quad trees a data structure for retrieval on composite keys[J]. Acta Informatica，1974，4(1)：1 – 9.

[10]　ZHOU K, TAN G, ZHOU W. Quadboost：a scalable concurrent quadtree[J]. IEEE Transactions on Parallel and Distributed Systems，2018，29(3)：673 – 686.

[11]　LIU H, HUANG K, REN C, et al. Quadtree coding with adaptive scanning order for space-borne image compression[J]. Signal Processing：Image Communication，2017，55：1 – 9.

[12]　林琪. AVS2 帧间预测技术及快速算法研究[D]. 上海：上海大学，2015.

[13]　BASU S, KARKI M, DIBIANO R, et al. Learning sparse feature representations using probabilistic quadtrees and deep belief nets[J]. Neural Processing Letters，2017，45(3)：855 – 867.

[14]　LIU H, HUANG K, REN C, et al. Quadtree coding with adaptive scanning order for space-borne image compression[J]. Signal Processing：Image Communication，2017，55：1 – 9.

[15]　MORA E, CAGNAZZO M, DUFAUX F. AVC to HEVC transcoder based on quadtree limitation[J]. Multimedia Tools & Applications，2018，76(6)：1 – 25.

[16]　MISTANI P, GUITTET A, BOCHKOV D, et al. The island dynamics model on parallel quadtree grids[J]. Journal of Computational Physics，2018，361：150 – 166.

[17]　VALLIVAARA I, POIKSELKA K, KEMPPAINEN A, et al. Quadtree-based ancestry tree maps for 2D scattered data SLAM[J]. Advanced Robotics，2018，32(6)：1 – 16.

[18]　黄伟国，张永萍，毕威，等. 梯度稀疏和最小平方约束下的低照度图像分解及细节增强[J]. 电子学报，2018，46(2)：424 – 432.

[19]　CUI X, GUI Z, ZHANG Q, et al. Learning-based artifact removal via image decomposition for low-dose CT image processing [J]. IEEE Transactions on Nuclear Science，2016，63(3)：1860 – 1873.

[20]　朱路，宋超，刘媛媛，等. 基于混合稀疏基字典学习的微波辐射图像重构方法[J].

电子与信息学报，2016，38(11)：2724 - 2730.

[21] 李小青. 基于脊波冗余字典和多目标遗传优化的压缩感知图像重构[D]. 西安：西安电子科技大学，2016.

[22] 杨柳. 基于压缩感知图像重构算法研究[D]. 湘潭：湘潭大学，2016.

[23] MUKHERJEE D，WU Q，WANG G. A comparative experimental study of image feature detectors and descriptors[J]. Machine Vision & Applications，2015，26(4)：443 - 466.

第四章　基于失真代价函数的 JPEG 图像可逆隐藏算法

4.1　JPEG 图像可逆隐藏

随着社交网络以及多媒体技术的不断发展，JPEG 压缩图像因其传输带宽以及存储空间的优势逐渐成为主流图像类型。图像经过 JPEG 压缩处理后，冗余信息大幅度减少，空间域算法无法直接应用在 JPEG 压缩域，因此研究兼顾图像压缩性能以及嵌入性能的图像可逆算法具有重要应用价值。针对 JPEG 压缩图像，主要的可逆隐藏方法包括基于量化后的 DCT 系数修改的方法[1]、基于量化表修改的方法[2]以及基于霍夫曼编码修改的方法[3]。目前，基于 JPEG 压缩域的可逆隐藏算法相对较少，虽然具有较高的图像质量，但其嵌入量一般较低，因此仅适用于图像认证等对嵌入量要求不高的场合。

当前，JPEG 压缩域可逆隐藏领域的主流研究方向是基于 DCT 量化系数修改的方法，这是因为基于 DCT 量化系数修改的 JPEG 可逆隐藏算法在嵌入量、图像质量等嵌入指标方面与其他两类算法相比，更具有优势，而且可以更好地控制图像压缩率。相关算法我们已经在第一章研究现状部分进行了介绍，其中较为具有代表性的算法是 Huang 等[4]提出的基于量化系数直方图平移的算法。该算法在分块选择上优先使用零系数较多的系数块，有效降低了标记图像与覆盖图像之间的失真，虽然算法结构简单，但是可以取得较为理想的结果。为进一步改进文献[4]所提算法的块选择策略以提高算法嵌入性能，文献[5]采取将系数位置选择和分块选择相结合的方式，这是目前嵌入性能较为理想的算法。上述两个经典算法的相同之处在于，均利用零系数进行分块选择，而在实际嵌入过程中仅使用非零系数。然而，DCT 量化系数中零系数的数量往往远大于非零系数，且零系数的修改引起的载体图像失真程度一般小于非零系数，因此当前算法在系数选择策略方面还有提升的空间。如果可以通过合理修改量化系数中的零系数实现可逆嵌入，那么算法将在嵌入容量、图像质量等方面实现较大的提升。基于当前存在的问题和上述分析的思路，本书作者团队在文献[6]中提出了一种基于失真代价函数的 JPEG 图像可逆隐藏算法（Distortion Cost Function Based JPEG Reversible Data Hiding，D-JRDH）。本章将重点介绍该算法的基本原理和实现步骤，最后对相关仿真实验结果进行分析。首先对现有的 DCF 模型进行简要介绍，并根据 JPEG 压缩原理，基于 DCF 模型提出新的失真代价函数，将 DCT 量化系数的可逆嵌入修改映射到空间域，根据失真代价确定嵌入策略，使得零系数可以应用在数据嵌入环节中，为算法性能提升打下坚实基础。然后，在对零系数进行深入分析的基础上，从数据嵌入、数据提取等环节入手，详细介绍 D-JRDH 算法的实现步骤，从嵌入容量、图像质量等角度将 D-JRDH 算法与现有算法进行对比。实验结果表明，与现有算法相比，本章 D-JRDH 算法可以在保持一定压缩率的情况下，有效提高算法的图像质量和嵌入容量。

4.2　失真代价函数

数据嵌入操作一般是对原始载体在空间域或者其他变换域进行修改，而修改必然会导致原始图像发生微小的变化，这种变化在信息隐藏技术中被称为"失真"。空间域图像可逆信息隐藏中的"失真代价"是指假如对当前位置的图像像素进行修改将会引起多大程度的图像失真，"失真代价函数"是指图像像素位置与失真代价之间的函数映射关系。与之类似，JPEG 图像可逆信息隐藏中的"失真代价"是指假如对当前位置的 DCT 量化系数进行修改将会引起多大程度的空间域图像失真，"失真代价函数"是指 DCT 量化系数位置与空间域失真代价之间的函数映射关系。研究 JPEG 图像失真代价函数对于提高 JPEG 图像可逆信息隐藏算法的嵌入性能具有重要作用。

本节将介绍 JPEG 压缩基本原理以及文献[4]中提出的失真代价函数（Distortion Cost Function，DCF）模型，为后文提出新算法提供基础。如图 4-1 所示，JPEG 压缩过程主要包括 DCT 变换、量化和熵编码三个主要环节[7-10]。图像经过 DCT 变换、量化两个环节之后得到的结果被称为 DCT 量化系数，以 8×8 系数块的形式存储。目前，JPEG 可逆隐藏领域的最有效、最主流的方法是基于 DCT 量化系数修改的，也就是在量化过程后得到的量化系数上进行修改，然后熵编码处理成载密图像。因此，可逆隐藏算法对于图 4-1 中的熵编码环节可以暂不考虑，只需要对 DCT 变换以及量化进行分析。

图 4-1　JPEG 压缩基本原理图

JPEG 可逆算法的性能指标与其空间域像素值失真程度有关，因此如何对 JPEG 域的系数修改与其对应的空间域像素值修改之间存在着某种映射关系。如何对这种特殊映射关系进行有效建模是关键问题之一。DCF 模型主要用来刻画 JPEG 域失真与空间域失真之间的关系，如图 4-2 所示。该模型从 JPEG 图像的量化表出发，根据 DCT 变换的基本原理推导出平均失真函数，并结合由量化系数提取的频率特征，设计出可以反映空间域失真的 DCF 函数。

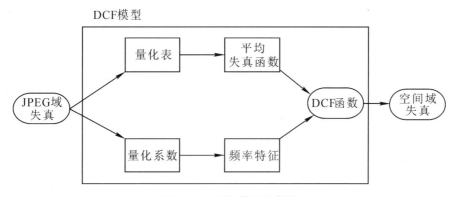

图 4-2　DCF 模型示意图

下面介绍 DCF 函数的具体求解步骤。为控制数据嵌入后的图像失真，假设 DCT 系数修改值最大为 1，以确定 8×8 系数块中每一个系数位置对空间域像素值的影响。假设位置 (u,v) 代表 8×8 块中的第 $u+1$ 行第 $v+1$ 列，其中 $0 \leqslant u \leqslant 7$，$0 \leqslant u \leqslant 7$。空间域像素块在位置 (u,v) 处的像素值用 $f(u,v)$ 表示，DCT 域系数块在位置 (u,v) 处的系数用 $F(u,v)$ 表示，根据 DCT 变换原理，以下公式成立：

$$F(u,v)=\frac{1}{4}c(u)c(v)\sum_{x=0}^{7}\sum_{y=0}^{7}f(x,y)\cos\frac{(2x+1)u\pi}{16}\cos\frac{(2y+1)v\pi}{16} \quad (4-1)$$

$$f(u,v)=\frac{1}{4}\sum_{u=0}^{7}\sum_{v=0}^{7}c(u)c(v)F(u,v)\cos\frac{(2x+1)u\pi}{16}\cos\frac{(2y+1)v\pi}{16} \quad (4-2)$$

其中，

$$c(u)=\begin{cases}\dfrac{1}{\sqrt{2}}, & u=0 \\[2mm] 1, & u\neq 0\end{cases} \quad (4-3)$$

假设对 DCT 量化系数在位置 (u,v) 处的修改值为 1，其余位置保持不变，则反量化后得到的空间域像素值与量化前原始像素值之间的失真可以定义为位置 (u,v) 处的平均失真函数，计算方式为

$$\text{cost}(u,v)=\frac{\displaystyle\sum_{x=0}^{7}\sum_{y=0}^{7}\Delta f(x,y)^2}{64} \quad (4-4)$$

根据式(4-1)、式(4-2)所示的 DCT 变换原理，有

$$\begin{aligned}\Delta f(x,y)&=f'(x,y)-f(x,y)\\&=\frac{1}{4}\sum_{i=0}^{7}\sum_{j=0}^{7}c(i)c(j)\Delta F(i,j)\cos\frac{(2x+1)i\pi}{16}\cos\frac{(2y+1)j\pi}{16}\\&=\frac{1}{4}c(u)c(v)q(u,v)\cos\frac{(2x+1)u\pi}{16}\cos\frac{(2y+1)v\pi}{16}\end{aligned} \quad (4-5)$$

其中，$q(u,v)$ 代表量化表在位置 (u,v) 处的量化步长。综合式(4-4)、式(4-5)得

$$\text{cost}(u,v)=\frac{1}{64}\sum_{x=0}^{7}\sum_{y=0}^{7}\left[\frac{1}{4}c(u)c(v)q(u,v)\cos\frac{(2x+1)u\pi}{16}\cos\frac{(2y+1)v\pi}{16}\right]^2$$

$$(4-6)$$

JPEG 可逆隐藏算法往往仅在非零系数上进行修改，在值为"1"或"-1"的位置进行嵌入。

下面介绍该嵌入失真所对应的 DCF 函数计算过程。假设所有系数块在位置 (u,v) 处的值为"1"或"-1"的系数个数为 $E(u,v)$，其余非零系数的个数为 $S(u,v)$，待嵌入数据为随机比特，因此嵌入过程造成系数修改的概率为 0.5。数据嵌入造成的总失真为

$$J(u,v)=(0.5\times E(u,v)+S(u,v))\times\text{cost}(u,v) \quad (4-7)$$

因此，位置 (u,v) 处的 DCF 函数值为

$$U(u, v) = \frac{J(u, v)}{E(u, v)}$$

$$= \left(0.5 + \frac{S(u, v)}{E(u, v)}\right) \times \text{cost}(u, v)$$

$$(4-8)$$

4.3　基于失真代价函数的可逆算法设计

本章提出的 D‑JRDH 算法基于 DCF 模型，通过设计新的 DCF 函数将零系数进行有效利用。图 4‑3 和图 4‑4 分别给出了传统的 JPEG 可逆隐藏算法以及基于 DCF 模型的 JPEG 可逆隐藏算法的流程图。与传统方法相比，基于 DCF 模型的 JPEG 可逆隐藏算法设计的关键问题是构建 DCF 函数。本章算法结合零系数进行 DCF 函数设计。

图 4‑3　传统的 JPEG 可逆隐藏算法流程图

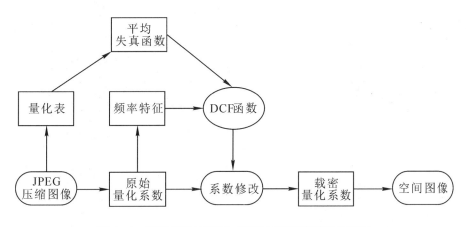

图 4‑4　基于 DCF 模型的 JPEG 可逆隐藏算法流程图

1. 零系数分析

JPEG 压缩主要包括 DCT 变换、量化和熵编码三个环节。其中，DCT 变换、量化的目的是尽可能地增加零系数（系数值等于 0 的系数）的数量，减少非零系数的数量。零系数的比例越高，熵编码的效率也就越高，最终 JPEG 压缩的压缩效果也就越好。因此，JPEG 图像的 DCT 量化系数中零系数的数量往往远超非零系数。图 4‑5 所示为标准测试图像 Lena 和 F16 在不同质量因子（Quality Factor，QF）情况下的量化 DCT 系数在零值附近的分布情况，纵坐标代表出现频数。从图中可以看出，当 QF≠100 时，零系数数量远远大于非零系数数量；当 QF＝100 时，每个位置的量化步长相同，因此零系数不再占据数量的绝对优势。

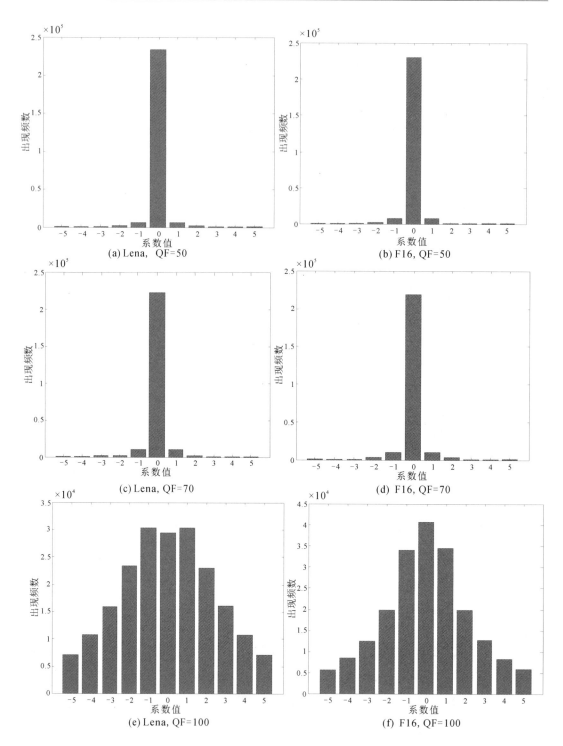

图 4 - 5　量化 DCT 系数直方图

　　根据可逆隐藏算法以及直方图平移算法的基本原理，零系数因其数量优势成为可逆隐藏算法的最理想选择。实验表明，直接利用直方图平移技术在零系数上进行数据嵌入将使得载密图像的 JPEG 文件大小急剧增加，影响压缩率，这对于 JPEG 图像来说是无法接受的，因此现有算法仅仅利用非零系数进行数据嵌入，保持零系数不变。然而，实验表明，在某些情况下使用零系数的效果并不一定比非零系数差。如在图 4-6 所示的图像块例子中，同样利用经典的直方图平移嵌入方法，在"−1"系数位置上进行数据嵌入后的图像质量远没有在左上角的一些零系数上进行数据嵌入的效果好，且因信息嵌入引起的压缩率变化相对较大。该类特殊例子说明直接避免使用零系数会限制相同嵌入容量下图像质量的提高。下面将通过相关分析，寻找零系数与非零系数对嵌入性能的影响因素。

28	1	0	0	0	0	0	0
0	0	0	0	0	0	0	0
0	0	1	0	0	0	0	0
0	0	0	−1	0	0	0	0
0	0	0	0	0	0	0	0
0	0	0	0	0	0	0	0
0	0	0	0	0	0	0	0
0	0	0	0	0	0	0	0

图 4-6　零系数嵌入的一个特例

实际上，决定 JPEG 可逆隐藏算法嵌入性能的关键因素是 8×8 系数块的嵌入位置选择，而不是是否使用零系数。以"Lena"图像为例，不同质量因子下的量化表如图 4-7 所示。在 8×8 块中，左上角的量化步长一般小于右下角。量化步长一般随着质量因子增大而减小。当 QF=100 时，量化表中的量化步长全为 1。

16	11	10	16	24	40	51	61		10	7	6	10	14	24	31	37		1	1	1	1	1	1	1	1
12	12	14	19	26	58	60	55		7	7	8	11	16	35	36	33		1	1	1	1	1	1	1	1
14	13	16	24	40	57	69	56		8	8	10	14	24	34	41	34		1	1	1	1	1	1	1	1
14	17	22	29	51	87	80	62		8	10	13	17	31	52	48	37		1	1	1	1	1	1	1	1
18	22	37	56	68	109	103	77		11	13	22	34	41	65	62	46		1	1	1	1	1	1	1	1
24	35	55	64	81	104	113	92		14	21	33	38	49	62	68	55		1	1	1	1	1	1	1	1
49	64	78	87	103	121	120	101		29	38	47	52	62	73	72	61		1	1	1	1	1	1	1	1
72	92	95	98	112	100	103	99		43	55	57	59	67	60	62	59		1	1	1	1	1	1	1	1

(a) QF=50　　　　　　　　　(b) QF=70　　　　　　　　　(c) QF=100

图 4-7　不同质量因子下的量化表

为验证仅在某一个特定系数位置进行数据嵌入对嵌入性能的影响，进行不同质量因子下的嵌入实验，结果如图 4-8 和图 4-9 所示(单位分别为分贝(dB)和增长的百分比)。例如图 4-8(a)中最左上角数字 42 代表的含义是，在图像所有 8×8 量化系数块中对最左上角的系数值进行修改 1 的操作，而保持其他位置的系数值不变，反量化后的图像与载体图像的 PSNR 值为 42 dB。图 4-9(a)中最左上角数字 3 代表的含义是，在图像所有 8×8 量化系数块中对最左上角的系数值进行幅度为 1 的修改操作，而保持其他位置的系数值不变，JPEG 尺寸与修改前相比增长了 3%。实验表明，除去 QF＝100 这一特例以外（此时由于量化步长全部为 1，系数位置对算法的影响可以忽略），是否修改零系数并非决定算法性能的关键因素，系数位置对算法性能影响较大。在某些特定位置选择零系数进行嵌入比选择非零系数进行嵌入效果要好，因此在结合量化表因素的基础上充分利用零系数进行新的 DCF 函数设计可以有效提高现有算法的嵌入性能。

42	45	45	42	39	34	32	30
44	44	43	40	38	31	31	31
43	44	42	39	34	31	29	31
43	41	39	37	32	27	28	30
41	39	35	31	30	25	26	28
39	35	31	30	28	26	25	27
32	30	28	27	26	25	25	26
29	27	27	26	25	26	26	26

(a) QF=50

46	49	50	46	43	39	36	35
49	49	47	45	42	35	35	36
47	48	46	43	39	36	34	36
47	46	44	41	36	32	33	35
45	40	38	34	34	30	30	33
43	40	36	33	32	30	30	31
37	35	33	32	30	30	29	31
34	31	31	31	30	31	30	31

(b) QF=70

59.8	59.1	59.1	59.2	59.8	59.1	59.1	59.1
59.1	59.5	59.4	59.5	59.2	59.5	59.5	59.5
59.0	59.4	59.3	59.4	59.0	59.4	59.3	59.4
59.2	59.5	59.5	59.5	59.1	59.5	59.4	59.5
59.7	59.1	59.0	59.1	59.8	59.2	59.1	59.1
59.1	59.5	59.4	59.5	59.1	59.5	59.4	59.5
59.1	59.4	59.4	59.4	59.0	59.4	59.3	59.5
59.1	59.5	59.4	59.5	59.1	59.5	59.4	59.5

(c) QF=100

图 4-8　不同系数位置进行数据嵌入后的图像质量

3	3	7	9	20	23	44	47
5	7	10	18	25	42	48	74
7	11	16	27	40	49	73	77
13	16	27	39	52	72	79	99
15	29	38	56	70	80	98	100
34	36	59	67	82	93	103	112
36	60	66	85	92	106	110	114
60	65	89	91	106	108	116	108

(a) QF=50

0.1	0.3	1	3	7	9	16	17
1	2	3	9	15	17	23	
2	4	6	9	15	18	22	24
4	6	10	14	18	22	24	
6	11	14	19	22	24	27	27
12	13	20	22	25	26	28	29
13	14	21	25	26	28	30	30
20	21	25	28	29	30	21	

(b) QF=70

0	0	0	0	0	0	0	0
0	0	0	0	0	0	0	0
0	0	0	0	0	0	0	0
0	0	0	0	0	0	0	0
0	0	0	0	0	0	0	0
0	0	0	0	0	0	0	0
0	0	0	0	0	0	0	0
0	0	0	0	0	0	0	0

(c) QF=100

图 4-9　不同系数位置进行数据嵌入后的尺寸增长比例

2. 数据嵌入

D-JRDH 算法的数据嵌入基本流程如图 4-10 所示，下面具体介绍该算法的数据嵌入实现步骤。

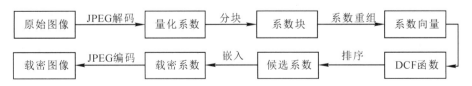

图 4-10　D-JRDH 算法的数据嵌入基本流程

　　步骤一：将原始 JPEG 图像进行解码得到 8×8 尺寸的若干个互不重叠的量化系数块 $\{B_1, B_2, \cdots, B_N\}$，其中 N 代表系数块的个数。以大小为 512×512 的灰度图像为例，图 4-11 所示为量化系数分块示意图。

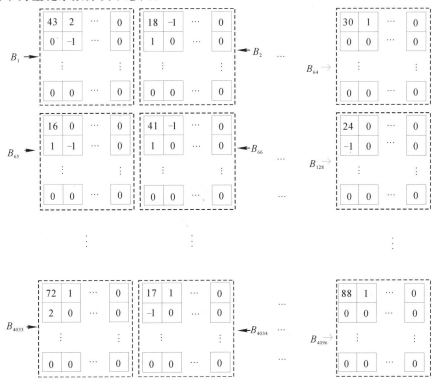

图 4-11　量化系数分块示意图

　　步骤二：将系数块进行重组，得到若干个系数向量。假设第 k 个系数块（按照从上向下、从左向右的顺序扫描）中位置 (u, v) 处的量化系数用 $d_{u,v}^k$ 来表示。将所有系数块在位置 (u, v) 处的量化系数重新排列为 $\boldsymbol{D}_{u,v} = \{d_{u,v}^1, d_{u,v}^2, \cdots, d_{u,v}^N\}$，得到的 64 个系数向量，用 $\{\boldsymbol{D}_{1,1}, \boldsymbol{D}_{1,2}, \cdots, \boldsymbol{D}_{8,8}\}$ 来表示。图 4-12 所示为将图 4-11 的量化系数块重组为量化系数向量的过程。

　　步骤三：对每一个系数向量 $\boldsymbol{D}_{u,v}$，计算其 DCF 函数值。计算方式为

$$F(u, v) = \left(0.5 + \frac{P(u, v)}{Q(u, v)}\right) \times \text{cost}(u, v) \tag{4-9}$$

其中，$Q(u, v)$ 代表向量 $\boldsymbol{D}_{u,v}$ 中系数值为 1 或者 0 的系数个数，$P(u, v)$ 代表其余系数的个数，$\text{cost}(u, v)$ 代表位置 (u, v) 处的平均失真代价函数。$\text{cost}(u, v)$ 的定义为

$$\text{cost}(u, v) = \frac{1}{64} \sum_{x=0}^{7} \sum_{y=0}^{7} \left[\frac{1}{4} c(u) c(v) q(u, v) \cos\frac{(2x+1)u\pi}{16} \cos\frac{(2y+1)v\pi}{16}\right]^2 \tag{4-10}$$

其中，$q(u, v)$ 代表位置 (u, v) 处的量化步长，且

$$c(u) = \begin{cases} \dfrac{1}{\sqrt{2}}, & u = 0 \\ 1, & u \neq 0 \end{cases} \tag{4-11}$$

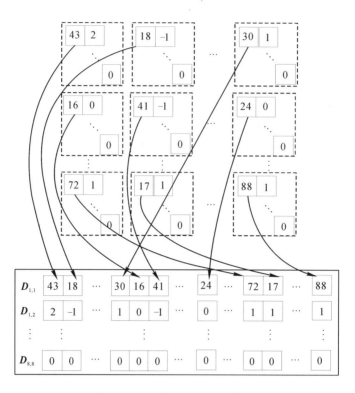

图 4-12　系数重组过程示意图

　　步骤四：将 64 个系数向量 $\{\boldsymbol{D}_{1,1}, \boldsymbol{D}_{1,2}, \cdots, \boldsymbol{D}_{8,8}\}$ 按照其 DCF 函数值由小到大的顺序排序，并选取前 k 个向量作为候选系数向量。图 4-13 所示为系数向量排序以及系数抽取的示意图。其中，由于 k 的取值最多有 64 个选择（正整数 1 到 64），因此 k 的取值可以通过搜索算法取得。首先，将满足最大嵌入量大于等于给定嵌入量的所有 k 值作为备选值，然后选择图像质量最高时对应的 k 值作为最终选择的 k 值。当 k 值确定后，根据候选系数的位置记录一个 1/0 矩阵。图 4-14 所示为 1/0 矩阵示例图。其中，k 值为 7，矩阵中的"1"代表该位置的量化系数作为最终的候选系数；矩阵中的"0"代表该位置的量化系数不是候选系数。为保证算法的可逆性，将该矩阵通过二进制压缩算法进行数据压缩，并将之作为辅助信息的一部分发送给接收方。

　　步骤五：按顺序修改候选系数。在 k 值确定以后，候选的系数向量以及候选系数也随之确定并完成排序。候选系数的嵌入顺序如图 4-15 所示。假设候选系数依次为 $\{I_1, I_2, \cdots, I_n\}$，则数据嵌入过程可以表示为

$$I_i^* = \begin{cases} I_i - 1, & I_i < 0 \\ I_i - b, & I_i = 0 \\ I_i + b, & I_i = 1 \\ I_i + 1, & I_i > 1 \end{cases} \tag{4-12}$$

其中，$b \in \{0, 1\}$ 代表待嵌入的秘密信息比特，I_i^* 代表经过嵌入过程修改后对应的载密系数值。

　　步骤六：将载密系数进行 JPEG 编码，得到载密图像发送给接收方。

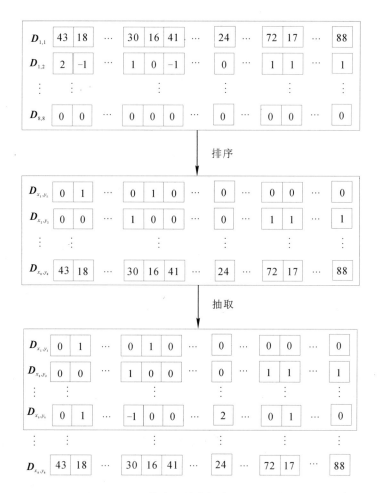

图 4-13 系数向量排序与抽取过程示意图

0	1	1	1	0	0	0	0
1	1	0	0	0	0	0	0
0	1	0	0	0	0	0	0
1	0	0	0	0	0	0	0
0	0	0	0	0	0	0	0
0	0	0	0	0	0	0	0
0	0	0	0	0	0	0	0
0	0	0	0	0	0	0	0

图 4-14 $k=7$ 时的 1/0 矩阵示例图

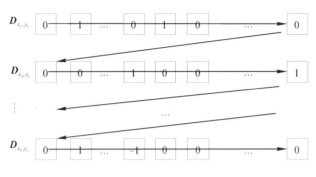

图 4 - 15　候选系数的嵌入顺序示意图

3. 数据提取与恢复

D - JRDH 算法数据提取以及图像恢复的过程与数据嵌入过程相对应，具体的方法步骤如下：

步骤一：将 JPEG 格式的载密图像进行解码，得到载密量化 DCT 系数以及未经修改的量化表。其中，量化系数矩阵被分块为 8×8 尺寸的非重叠系数块。

步骤二：将系数块进行重组，得到若干个系数向量，该过程与嵌入过程中的系数重组相同。

步骤三：根据事先提取得到的辅助信息 1/0 矩阵和 k 值，确定出候选系数以及提取顺序。假设待提取的载密量化系数依次为 $\{I_1^*, I_2^*, \cdots, I_n^*\}$。

步骤四：按照顺序依次进行系数修改，实现原始系数的恢复，并提取秘密信息比特。假设 b^* 和 R_i 分别为提取得到的秘密信息比特和恢复的原始量化系数，则具体计算方式如下：

$$b^* = \begin{cases} 0, & I_i^* = 0 \quad \text{或} \quad 1 \\ 1, & I_i^* = -1 \quad \text{或} \quad 2 \end{cases} \tag{4-13}$$

$$R_i = \begin{cases} I_i^* + 1, & I_i^* \leqslant -1 \\ I_i^* - 1, & I_i^* \geqslant 2 \end{cases} \tag{4-14}$$

步骤五：根据恢复得到的量化系数进行 JPEG 编码，得到 JPEG 格式的恢复图像。

4.4　仿真实验与性能分析

本节通过仿真实验对 D - JRDH 算法进行性能比较。实验设备为：联想 Thinkpad 品牌笔记本电脑，搭载 Windows 7 操作系统，CPU 型号为 Intel 酷睿 i5 8300H，主频为 2.30 GHz，内存大小为 8.00 GB。实验仿真软件选择为 R2016a(9.0 版本)。实验选取的测试图像来自 USC - SIPI 图像库以及 BOSSbass 图像库[11]，所有图像经过 JPEG 压缩，其中熵编码环节选择最优霍夫曼编码表，JPEG 压缩采用 IJG 工具箱[12]，选择不同质量因子进行实验。

1. 可逆性验证

为验证 D - JRDH 算法的可逆性，首先对算法嵌入及提取环节的图像变化进行实验。图 4 - 16 所示为 8 位灰度图像 Lena(512×512 大小)在 D - JRDH 算法嵌入前后以及提取信息之后的图像变化。秘密信息图像选择为 100×100 的二进制图像。由于 JPEG 域可逆隐藏本质上属于脆弱水印，不考虑信道受到攻击的情况，因此假设经过安全信道传输给接收方。通过视觉对比以及 PSNR 计算，图 4-16(d)所示的提取信息图像与图 4-16(b)所示的秘密信息图像完全一致，因此可以证明接收方可以完全正确地提取出原始秘密信息。同样，图 4-16(e)所示的恢复图像与图 4-16(a)所示的载体图像完全一致，因此可以证明接收方可以完全无失真地恢复出载体图像。

(a) 载体图像　　(b) 秘密信息图像　　(c) 载密图像

(d) 提取信息图像　　(e) 恢复图像

图 4-16　D-JRDH 算法可逆性示意图

2. 图像质量对比

Huang 等[4]所提算法与 Hou 等[5]所提算法分别用 A 算法和 B 算法表示，此处将比较不同质量因子情况下，D-JRDH 算法与上述两种算法的 PSNR 值差异。在实验中，秘密信息比特选择为随机二进制比特，图像 Lena 和图像 F16 的 PSNR 值比较结果如图 4-17 所示，质量因子选择为 QF=50，QF=60，QF=70，QF=80，QF=90，QF=100，等 6 种情况，横轴代表嵌入量，纵轴代表载密图像 PSNR 值，三条曲线分别代表三种嵌入算法。从图中可以看出，除了 QF=100 这一特例情况以外，与现有算法相比，本章 D-JRDH 算法可以有效提高算法的图像质量，尤其是在质量因子较小的情况下更明显。当 QF=100 时，Huang 等人和 Hou 等人的算法在图像质量上均优于 D-JRDH 算法。上述结果可以通过零系数分析部分进行解释。这是由于 D-JRDH 算法主要在系数值为"0"和"1"的位置进行嵌入，而其余两种算法主要在系数值为"-1"和"1"的位置进行嵌入。当 QF≠100 时，载体图像量化系数中的零系数的数量远远大于非零系数的数量，且 QF 越小时该优势越明显；当 QF=100 时，零系数与非零系数相比不再具有数量优势，因此嵌入性能不再具有优势。为增加实验的说服力，通过增大测试样本的方法进行重复实验。随机选取 BOSSbass 图像库中的 1000 张测试图像，重复以上实验并取所有图像实验结果的平均值进行比较，比较结果如图 4-18 所示。实验再次证明了算法的有效性，除 QF＝100 这一特例以外，D-JRDH 算法可以有效提高载密图像的图像质量，降低载密图像的嵌入失真。

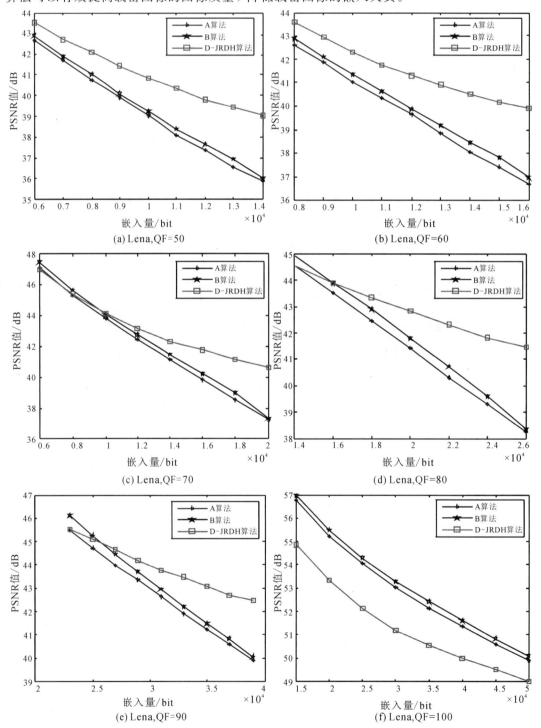

(a) Lena,QF=50

(b) Lena,QF=60

(c) Lena,QF=70

(d) Lena,QF=80

(e) Lena,QF=90

(f) Lena,QF=100

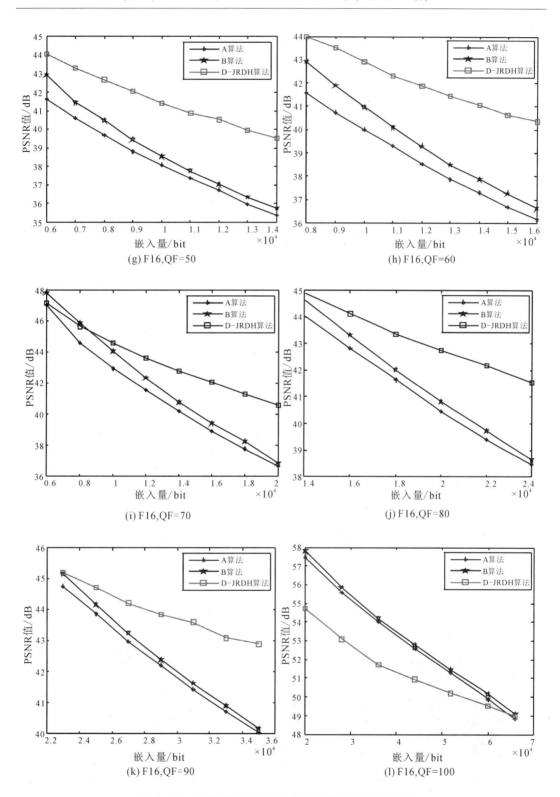

图 4-17　不同质量因子下的 PSNR 值(部分测试图像)

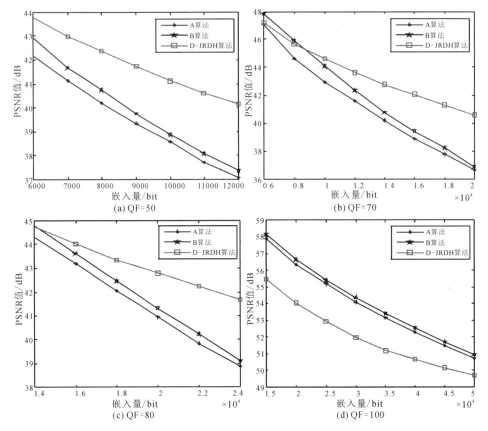

图 4-18　不同质量因子下的平均 PSNR 值

3. 嵌入容量对比

为比较 D-JRDH 算法与现有算法的嵌入容量，此处选择部分测试图像 Lena、Barbara、F16、Baboon 进行实验，图像大小为 512×512，质量因子选择 QF＝50，QF＝60，QF＝70，QF＝80，QF＝90，QF＝100 等 6 种。除前文提到的 Lena 外，其余测试图像如图 4-19 所示。实验结果如表 4-1 所示。实验表明，D-JRDH 算法在 QF≠100 情况下嵌入容量明显优于现有算法。QF 越小，量化步长越大，零系数越多，D-JRDH 算法嵌入容量的优势越明显。

(a) Barbara　　　　　　　(b) F16　　　　　　　(c) Baboon

图 4-19　部分测试图像（D-JRDH 算法）

表 4-1　不同质量因子下嵌入容量的对比

图像	算法	质量因子					
		QF=50	QF=60	QF=70	QF=80	QF=90	QF=100
Lena	A 算法	14 155	16 566	20 227	26 096	39 528	60 859
	B 算法	14 155	16 566	20 227	26 096	39 528	60 859
	D-JRDH	238 951	235 822	230 627	222 257	200 674	57 941
Barbara	A 算法	22 087	23 958	26 334	29 650	37 150	61 259
	B 算法	22 087	23 958	26 334	29 650	37 150	61 259
	D-JRDH	230 028	225 498	218 704	208 841	187 067	59 494
F16	A 算法	15 315	17 447	20 536	25 636	36 032	68 519
	B 算法	15 315	17 447	20 536	25 636	36 032	68 519
	D-JRDH	236 070	232 698	227 453	219 033	199 213	73 267
Baboon	A 算法	35 279	38 712	43 488	51 342	64 135	20 773
	B 算法	35 279	38 712	43 488	51 342	64 135	20 773
	D-JRDH	209 673	202 019	190 787	173 720	137 007	17 522

4. 压缩率对比

与空间域可逆隐藏算法不同，除了嵌入容量和图像质量之外，压缩率变化情况也是衡量 JPEG 可逆隐藏算法优劣的重要指标。压缩率变化情况主要是指 JPEG 文件在数据嵌入之后，图像压缩率的变化，主要通过压缩文件的增长程度（大小）来衡量。现有算法选择非零系数而非零系数主要是为了避免文件大小增长过大。D-JRDH 算法通过设计新的失真代价函数的方法将零系数对文件大小增长的影响降低到最小。此处以 Lena 图像为例进行实验验证，相关实验结果如表 4-2 所示。实验选择的 Lena 图像原始尺寸为 27.73 kB，质量因子为 QF=70。表 4-2 中"尺寸"代表经过数据嵌入后载密图像文件的大小，"增加"代表嵌入后文件与嵌入前文件相比大小增加的百分比。从表 4-2 中可以看出，随着嵌入量增加，文件大小增长的幅度也在随之增加。实际上，随着嵌入量的增加，系数块中更多右下角部分的量化系数被用于数据嵌入，而右下角区域相比于其他区域更不适合用作数据嵌入，因此文件大小明显增大。从表 4-2 中可以看出，此时 D-JRDH 算法的文件大小增加程度大于其他算法，这与零系数的使用有关。然而，零系数的使用明显提高了算法的嵌入容量，并有效降低了图像失真，改善了载密图像质量。此外，由于新的失真代价函数的设计，D-JRDH 算法带来的文件大小增加幅度对于大多数应用来说是可以接受的。

表 4 - 2　图像 Lena 文件大小增加对比

算法	嵌入量/bit	对　　比						
		6000	8000	10 000	12 000	14 000	16 000	18 000
A 算法	尺寸/KB	28.72	29.02	29.31	29.59	29.72	29.97	30.17
	增长率/(%)	3.57	4.65	5.70	6.71	7.18	8.08	8.80
B 算法	尺寸/KB	28.72	28.95	29.21	29.47	29.70	29.94	30.13
	增长率/(%)	3.57	4.40	5.34	6.27	7.10	7.97	8.65
D - JRDH 算法	尺寸/KB	29.02	29.58	30.09	30.40	30.78	31.39	31.76
	增长率/(%)	4.65	6.67	8.51	9.63	10.99	13.20	14.53

4.5　本 章 小 结

　　压缩域算法是在图像压缩处理后在压缩空间进行可逆嵌入处理的一类算法，在复杂网络环境中应用较为普遍，因此被认为比空间域算法在实际应用中更具有实用性。JPEG 图像是应用较为广泛的一类压缩图像，面向 JPEG 图像的压缩域可逆隐藏技术是当前压缩域可逆隐藏的主要研究分支。在 JPEG 图像的量化系数中，零系数与图像压缩性能关系较为紧密，如果直接基于空间域可逆算法在零系数上进行修改，很容易大幅降低算法的压缩率，从而直接影响算法的实用性。然而，零系数在 JPEG 图像的量化系数中所占的比例较大，如果能够通过合理的嵌入策略设计实现零系数的数据嵌入，将大大改善现有算法的嵌入性能。本章介绍的基于失真代价函数的 JPEG 图像可逆隐藏算法通过设计新的失真代价函数的方法，将零系数的修改应用到数据嵌入中。相关仿真实验结果表明，D - JRDH 算法可以在保证压缩性能可以接受的情况下有效提高现有算法的嵌入性能。

本章参考文献

[1]　FRIDRICH J，GOLJAN M，DU R. Invertible Authentication Watermark for JPEG Images［C］// International Conference on Information Technology：Coding and Computing. IEEE Computer Society，2001：223.

[2]　FRIDRICH A J，GOLJAN M，DU R. Lossless data embedding for all image formats［J］. Proceedings of SPIE，2002，4675：572 - 583.

[3]　MOBASSERI B G，II R J B，MARCINAK M P，et al. Data Embedding in JPEG Bitstream by Code Mapping［J］. IEEE Transactions on Image Processing，2010，19 (4)：958 - 66.

[4]　HUANG F，QU X，KIM H，et al. Reversible data hiding in JPEG images［J］. IEEE Transactions on Circuits & Systems for Video Technology，2016，26(9)：1610 - 1621.

[5]　HOU D，WANG H，ZHANG W，et al. Reversible data hiding in JPEG image based

on DCT frequency and block selection[J]. Signal Processing，2018，148：41 – 47.

[6]　DI F Q，ZHANG M Q，HUANG F J，et al. Reversible data hiding in JPEG images based on zero coefficients and distortion cost function[J]. Multimedia Tools and Applications，2019，78(24)：34541 – 34561.

[7]　苏玉洁. 抗 JPEG 压缩的鲁棒可逆水印技术研究[D]. 西安：西安电子科技大学，2020.

[8]　吴雪. 压缩质量相同的双重 JPEG 压缩检测算法研究[D]. 武汉：武汉理工大学，2019.

[9]　霍耀冉. 结合 JPEG 压缩因子的图像认证水印算法及其性能分析[D]. 成都：西南交通大学，2011.

[10]　于雪燕. 一种基于双 JPEG 压缩的数字图像篡改的检测方法[D]. 上海：上海师范大学，2007.

[11]　MA Y，LUO X，LI X，et al. Selection of rich model steganalysis features based on decision rough set α-positive region reduction[J]. IEEE Transactions on Circuits and Systems for Video Technology，2019，29(2)：336 – 350.

[12]　WOODS L. Website of the independent JPEG group[J]. Journal of Physiology，1988，393(1)：213 – 231.

第五章　基于位平面分治的对称加密域可逆隐藏算法

5.1　对称加密域可逆隐藏

　　图像加密[1-3]作为图像安全领域中重要的技术手段，已经广泛应用于图像隐私保护等诸多应用场景。空间域图像经过图像加密处理后可以称之为"密文域"或者"加密域"。图像加密域可逆隐藏技术是在加密域图像中进行信息隐藏操作的技术，图像加密域可逆隐藏也被称为密文域可逆隐藏，可以用于密文图像管理等诸多应用场景。例如：医学图像在远程诊断的传输或存储过程中通常经过加密来保护患者隐私，但同时需要嵌入患者的身份、病历、诊断结果等来实现相关图像的归类与管理。然而，医学图像的任何一处修改都可能成为医疗诊断或事故诉讼中的关键，因此需要在嵌入信息后能够解密并还原原始图片。在军事领域，军事图像一般都要采取加密存储与传输，同时为了适应军事场合中数据的分级管理以及访问权限的多级管理，可以在加密图像中嵌入相关备注信息，但是嵌入过程不能损坏原始图像以致重要信息丢失，否则后果难以估计。此外，随着云计算的不断发展和云服务的不断普及，图像加密域可逆隐藏技术在密文图像管理领域的应用需求和应用价值不断提高。云环境下，为了使云服务不泄露数据隐私，用户需要对数据进行加密，而云端为了能直接在密文域完成数据的检索、聚类或认证等管理，需要嵌入额外的备注信息。云服务提供者等第三方如何在无法获取明文信息的情况下对密文图像进行有效管理是密文域可逆隐藏的重要应用场景之一。然而，图像经过加密处理后，可以用于信息嵌入的冗余信息减少，加密域可逆隐藏的难度远远大于非加密域，空间域算法和压缩域算法无法直接用于加密域，因此研究适用于加密图像的图像可逆算法具有重要意义。

　　对应于密码学中的对称加密体制[4-5]和公钥加密体制[6-7]，图像加密方法大致可以分为对称加密和公钥加密两大类，加密域可逆隐藏算法也可以划分为对称加密域算法[8-9]和公钥加密域算法[10-11]。由于一般情况下采用公钥方式进行加解密的效率低于对称加密，而且会带来严重的密文扩展问题，因此大多数情况下不会直接采用公钥加密方式对图像像素进行加密处理。对称加密域可逆隐藏算法是当前图像加密域可逆隐藏技术的研究热点。然而，现有对称加密域可逆隐藏算法的嵌入量与现实需求相比仍然相对较低，极大影响了算法实用性。值得注意的是，由于加密域算法在数据嵌入后得到的载密图像是密文图像，单纯计算其嵌入前密文图像的失真程度的实际意义并不大[12]。因此，提高加密域可逆隐藏算法的嵌入量是当前亟待解决的关键问题之一，也是当前研究的重点方向。例如，Yin 等[13]基于多粒度加密算法获得密文图像，在保证算法安全性的前提下，于图像加密之前预留冗余空间，基于空间域算法进行数据嵌入，以提高算法的嵌入量。文献[12]使用分组加密和流加密相结合的方式设计图像加密方案，基于性能较好的直方图平移方法进行数据嵌入，是目前嵌入量最高的算法之一。然而,当前算法在数据嵌入过程中往往将单个像素值作为一个整体进行处理,而忽视了像素值各个位平面之间的相关性,在很大程度上限制了嵌入量。对此,本书作者在文献[14]中结合对称加密算法特性,提出了一种基于位平面分治(Bitplane Divide and Conquer,BDC)策略的对称加密域可逆隐藏(Reversible data hiding based on BDC and symmetric cryptography,RDH-BS)算法。本章主要介绍该算法的实验步骤和嵌入性能。该算法利用位平面分治思想,在图像位平面分解的基础上增加嵌入选择,数据嵌入后进行位平面组合。相关仿真实验表明,该算法在保持其他嵌入性能相当的情况下可以大幅增加嵌入量。

5.2　位平面分治策略

分治法[15-16](Divide and Conquer,DC)思想是计算机科学中最重要的算法思想之一,分治法思想应用于计算机领域最早可以追溯到冯·诺依曼在1945年提出的归并排序[17](Merge Sort)。尤其是在算法设计领域中,分治法是最为基础、最为有效的算法设计方法之一,包括快速傅里叶变换、归并排序算法、快速排序算法等在内的高效算法均来源于分治法思想。基于分治法思想的分治策略是"分而治之",将难以解决的问题分解为若干个规模较小的子问题然后分别解决,最后达到将原来规模较大的问题解决掉的目的。分治策略主要包括三个环节:"分"(Divide)、"治"(Conquer)以及"合"(Combine)。"分"即分解问题,是指把一个问题(或者是一个问题实例)划分为若干个子问题的过程,且子问题的求解规模小于原问题。"治"即解决问题,是指递归地解决每一个子问题的过程。"合"即合并问题的解,是指把子问题的解合并为整个较大规模问题的解的过程。借助分治策略的基本思想,本章提出一种适用于对称加密域可逆算法的BDC策略,可以有效提高算法的嵌入性能。该策略对图像多个位平面进行分解,在位平面参数等嵌入参数的作用下进行数据嵌入,最后对位平面进行组合,得到最终的载密图像。以8位灰度图像为例,BDC策略的基本原理如图5-1所示。

载体图像被分解为 E_h 和 E_l 两部分,分别用于秘密信息 M_h 和 M_l 的嵌入。数据嵌入后,利用位平面组合方法将两部分重新组合为载体图像。具体而言,载体图像在位平面空间被划分为8个位平面,将原始像素 I_{ij} 的像素值通过二进制形式表示为 $\{b_1,b_2,b_3,b_4,b_5,b_6,b_7,b_8\}$,则

$$I_{ij} = \sum_{k=1}^{8} b_k \times 2^{8-k} \tag{5-1}$$

其中,$k \in [1,8]$,代表位平面空间的序号。选择适当的正整数 $e \in [1,8]$,作为位平面参数,进行位平面分解。由于 $e=1$ 或 $e=8$ 时位平面分解的意义并不大,因此一般选取 $e \in [2,7]$。根据参数 e 将该像素分为前 e 个比特集合 $\{b_1,b_2,\cdots,b_e\}$ 和后 $8-e$ 个比特集合 $\{b_{e+1},b_{e+2},\cdots,b_8\}$,并根据下两式:

$$I_{ij}^h = b_1 \times 2^{e-1} + b_2 \times 2^{e-2} + \cdots + b_e \times 2^0 \tag{5-2}$$

$$I_{ij}^l = b_{e+1} \times 2^{7-e} + b_{e+2} \times 2^{6-e} + \cdots + b_8 \times 2^0 \tag{5-3}$$

计算出像素 I_{ij} 的高位分量 I_{ij}^h 和低位分量 I_{ij}^l。其中,$I_{ij}^h \in [0,2^e-1]$,$I_{ij}^l \in [0,2^{8-e}-1]$。

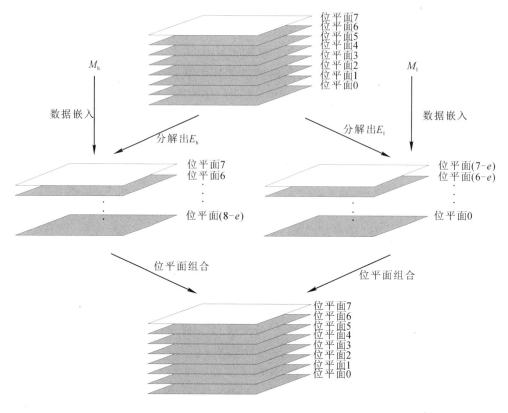

图 5-1　BDC 策略基本原理示意图

　　上述位平面分治策略为数据嵌入提供了更多嵌入位置和嵌入选择，信息隐藏者可以根据实际需要设置不同的嵌入参数，以达到不同的嵌入效果，为提高嵌入性能提供了更多可能。RDH-BS 算法与现有算法在实现原理方面的主要区别如图 5-2 所示。现有算法大多在图像加密的基础上研究如何将空间域可逆隐藏算法引入到加密域，而 RDH-BS 算法在图像加密后利用 BDC 策略进行位平面分治操作，然后再进行数据嵌入，以提高算法的嵌入性能。值得注意的是，RDH-BS 算法并不适用于所有类型的加密算法，因此在图像加密环节需要选择某些特定类型的加密算法，以制定特定的 BDC 策略，并设计新的 RDH 算法。

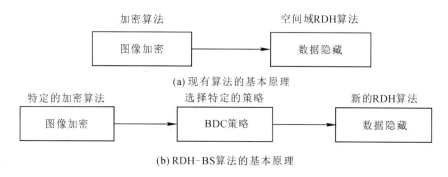

图 5-2　RDH-BS 算法与现有算法的主要区别

5.3　基于位平面分治的可逆算法设计

　　本章介绍的基于 BDC 策略的 RDH - BS 算法主要由图像拥有者、信息隐藏者和接收方三部分组成，如图 5 - 3 所示。图像拥有者出于隐私保护的需要将载体图像 I 通过对称密码算法进行图像加密，加密处理后的密文图像 E 发送给信息隐藏者。信息隐藏者通过位平面分解算法将 E 分解为子图像 E_h 和 E_l，并分别用于隐藏秘密信息 M_h 和 M_l，最后将隐藏结果 E_h^* 和 E_l^* 进行重组，得到 E^*。在数据提取时，接收方根据实际情况分三种情况。情况 I：既可以解密图像也可以提取数据。首先将载密图像进行位平面分解，分解成 E_h^* 和 E_l^*，然后分别提取 M_h 和 M_l，得到 E_h 和 E_l，并将其进行位平面重组，重组成图像 E，经过图像解密恢复载体图像 I。情况 II：仅可以提取秘密信息。接收方将载密图像进行位平面分解，分解成 E_h^* 和 E_l^*，然后分别提取 M_h 和 M_l。情况 III：仅可以恢复图像。接收方直接将载密图像通过图像解密操作进行图像恢复，得到载体图像。

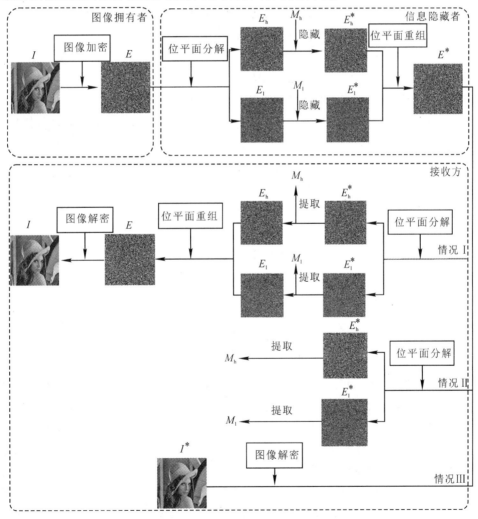

图 5 - 3　RDH - BS 算法的基本流程图

1. 预处理

假设载体图像 I 为 8 bit 灰度图像，尺寸大小为 $M \times N$，选择合适的正整数 m 和 n 为分块参数，其中分块参数的选择方法将在后文中给出。按照 $m \times n$ 的模式将载体图像 I 划分为 P 个互不重叠的图像块 $\{I_1, I_2, \cdots, I_P\}$。假设每个图像块有 J 个像素，图像块 I_i 可以表示为 $\{I_{i1}, I_{i2}, \cdots, I_{iJ}\}$，其中，$I_{ij} \in [0, 255]$，代表图像块 I_i 的第 j 个像素的像素值。载体图像可以表示为

$$I = \begin{bmatrix} I_{11}, & I_{12}, & \cdots, & I_{1J} \\ \vdots & \vdots & & \vdots \\ I_{i1}, & I_{i2}, & \cdots, & I_{iJ} \\ \vdots & \vdots & & \vdots \\ I_{P1}, & I_{P2}, & \cdots, & I_{PJ} \end{bmatrix} \tag{5-4}$$

选择适当的正整数 e 作为位平面参数，对载体图像的位平面基于 BDC 策略进行分割，位平面参数的选择方法将在后文给出。将原始像素 I_{ij} 的像素值通过二进制形式表示为 $\{b_1, b_2, b_3, b_4, b_5, b_6, b_7, b_8\}$，根据参数 e 将该像素分为前 e 个比特集合 $\{b_1, b_2, \cdots, b_e\}$ 和后 $8-e$ 个比特集合 $\{b_{e+1}, b_{e+2}, \cdots, b_8\}$，并根据下两式：

$$I_{ij}^h = b_1 \times 2^{e-1} + b_2 \times 2^{e-2} + \cdots + b_e \times 2^0 \tag{5-5}$$

$$I_{ij}^l = b_{e+1} \times 2^{7-e} + b_{e+2} \times 2^{6-e} + \cdots + b_8 \times 2^0 \tag{5-6}$$

计算出像素 I_{ij} 的高位分量 I_{ij}^h 和低位分量 I_{ij}^l。其中，$I_{ij}^h \in [0, 2^e - 1]$，$I_{ij}^l \in [0, 2^{8-e} - 1]$。

由载体图像所有像素的高位分量和低位分量分别构成高位位平面 $\boldsymbol{I}_h$ 和低位位平面 $\boldsymbol{I}_l$：

$$\boldsymbol{I}_h = \begin{bmatrix} I_{11}^h, & I_{12}^h, & \cdots, & I_{1J}^h \\ \vdots & \vdots & & \vdots \\ I_{i1}^h, & I_{i2}^h, & \cdots, & I_{iJ}^h \\ \vdots & \vdots & & \vdots \\ I_{P1}^h, & I_{P2}^h, & \cdots, & I_{PJ}^h \end{bmatrix} \tag{5-7}$$

$$\boldsymbol{I}_l = \begin{bmatrix} I_{11}^l, & I_{12}^l, & \cdots, & I_{1J}^l \\ \vdots & \vdots & & \vdots \\ I_{i1}^l, & I_{i2}^l, & \cdots, & I_{iJ}^l \\ \vdots & \vdots & & \vdots \\ I_{P1}^l, & I_{P2}^l, & \cdots, & I_{PJ}^l \end{bmatrix} \tag{5-8}$$

2. 图像加密

首先，对图像块 $\{I_1, I_2, \cdots, I_P\}$ 生成 P 个块密钥 $\{K_1, K_2, \cdots, K_P\}$。为了与后续操作中的 BDC 策略相对应，对任意一个图像块 I_i，随机选择 8 个二进制数 $\{k_1, k_2, \cdots, k_8\}$，作为图像块 I_i 的块密钥 K_i。其中，$K_i \in \{0, 1\}$，$i = 1, 2, \cdots, 8$。根据选择的位平面参数 e 将 K_i 分为前 e 个比特 $\{k_1, k_2, \cdots, k_e\}$ 和后 $8-e$ 个比特 $\{k_{e+1}, k_{e+2}, \cdots, k_8\}$，按照下两式：

$$K_i^h = k_1 \times 2^{e-1} + k_2 \times 2^{e-2} + \cdots + k_e \times 2^0 \tag{5-9}$$

$$K_i^l = k_{e+1} \times 2^{7-e} + k_{e+2} \times 2^{6-e} + \cdots + k_8 \times 2^0 \tag{5-10}$$

计算出块内高位密钥 K_i^h 和低位密钥 K_i^l。其中，$K_i^h \in [0, 2^e - 1]$，$K_i^l \in [0, 2^{8-e} - 1]$。

图像的高位密钥向量 $\boldsymbol{K}^h$ 和低位密钥向量 $\boldsymbol{K}^l$ 分别记为

$$\boldsymbol{K}^h = [K_1^h, K_2^h, \cdots, K_P^h] \tag{5-11}$$

$$\boldsymbol{K}^l = [K_1^l, K_2^l, \cdots, K_P^l] \tag{5-12}$$

图像加密阶段分为块内加密和块间置乱两个环节。块内加密阶段将图像块利用块密钥进行逐块加密。块内各个像素使用相同的块密钥，不同像素块使用不同的块密钥。对图像块 I_i 的第 j 个像素 I_{ij}，其高位分量 I_{ij}^h 和低位分量 I_{ij}^l 分别通过块内高位密钥 K_i^h 和低位密钥 K_i^l 按照下两式的方式进行加密：

$$c_{ij}^h = (I_{ij}^h - K_i^h) \bmod 2^e \tag{5-13}$$

$$c_{ij}^l = (I_{ij}^l - K_i^l) \bmod 2^{8-e} \tag{5-14}$$

其中，c_{ij}^h 和 c_{ij}^l 分别代表像素 I_{ij} 的密文高位分量和密文低位分量。$c_{ij}^h \in [0, 2^e-1]$，$c_{ij}^l \in [0, 2^{8-e}-1]$。

密文高位分量 c_{ij}^h 和密文低位分量 c_{ij}^l 的二进制表示分别为

$$c_{ijk}^h = \left\lfloor \frac{c_{ij}^h}{2^{e-k}} \right\rfloor \bmod 2, \quad k=1, \cdots, e \tag{5-15}$$

$$c_{ijk}^l = \left\lfloor \frac{c_{ij}^l}{2^{8-k}} \right\rfloor \bmod 2, \quad k=e+1, e+2, \cdots, 8 \tag{5-16}$$

像素 I_{ij} 经过块内加密后，新的密文像素 c_{ij} 为

$$c_{ij} = \{c_{ij1}^h, c_{ij2}^h, \cdots, c_{ije}^h, c_{ij(e+1)}^l, c_{ij(e+2)}^l, \cdots, c_{ij8}^l\} \tag{5-17}$$

且

$$c_{ij} = c_{ij}^h \times 2^{8-e} + c_{ij}^l \tag{5-18}$$

块内加密后，以图像块为单位，利用置乱密钥 K_p，对全体图像块进行置乱。置乱加密过程中，块内像素的相对位置保持不变，只对图像块进行置乱，置乱加密后得到的密文图像记为 C。最终得到的密文图像所有像素的高位分量和低位分量分别构成密文高位位平面 $\boldsymbol{C}_h$ 和密文低位位平面 $\boldsymbol{C}_l$：

$$\boldsymbol{C}_h = \begin{bmatrix} C_{11}^h, C_{12}^h, \cdots, C_{1J}^h \\ \vdots \quad \vdots \quad \quad \vdots \\ C_{i1}^h, C_{i2}^h, \cdots, C_{iJ}^h \\ \vdots \quad \vdots \quad \quad \vdots \\ C_{P1}^h, C_{P2}^h, \cdots, C_{PJ}^h \end{bmatrix} \tag{5-19}$$

$$\boldsymbol{C}_l = \begin{bmatrix} C_{11}^l, C_{12}^l, \cdots, C_{1J}^l \\ \vdots \quad \vdots \quad \quad \vdots \\ C_{i1}^l, C_{i2}^l, \cdots, C_{iJ}^l \\ \vdots \quad \vdots \quad \quad \vdots \\ C_{P1}^l, C_{P2}^l, \cdots, C_{PJ}^l \end{bmatrix} \tag{5-20}$$

其中，$C_{ij}^h \in [0, 2^e-1]$，$C_{ij}^l \in [0, 2^{8-e}-1]$。

3. 加密域数据嵌入

首先介绍差值计算环节。根据分块大小，选择适当的参考参数 $u \in [1, J]$，用来选取图像块中的某一密文像素作为块内参考像素。例如，图像分块大小 $m=3$，$n=3$ 时，参考

像素参数为 $u=5$，其参考像素 C_{i5} 如图 5-4 所示。

C_{i1}	C_{i2}	C_{i3}
C_{i4}	C_{i5}	C_{i6}
C_{i7}	C_{i8}	C_{i9}

图 5-4　块内参考像素示意图

设 C_{iu} 为选取的密文参考像素，其高位分量和低位分量分别为 C_{iu}^{h} 和 C_{iu}^{l}，则可以按照以下方式计算出块内除参考像素外所有像素与参考像素的高位差值 D_{ij}^{h} 和低位差值 D_{ij}^{l}：

$$D_{ij}^{h}=C_{ij}^{h}-C_{iu}^{h}, \quad i\in[1,P];j\in[1,J],j\neq u \tag{5-21}$$

$$D_{ij}^{l}=C_{ij}^{l}-C_{iu}^{l}, \quad i\in[1,P];j\in[1,J],j\neq u \tag{5-22}$$

最终得到高位差值向量：

$$\boldsymbol{D}^{h}=\{D_{11}^{h},D_{12}^{h},\cdots,D_{1(J-1)}^{h},D_{21}^{h},D_{22}^{h},\cdots,D_{2(J-1)}^{h},\cdots,D_{P1}^{h},D_{P2}^{h},\cdots,D_{P(J-1)}^{h}\}$$
$$\tag{5-23}$$

以及低位差值向量：

$$\boldsymbol{D}^{l}=\{D_{11}^{l},D_{12}^{l},\cdots,D_{1(J-1)}^{l},D_{21}^{l},D_{22}^{l},\cdots,D_{2(J-1)}^{l},\cdots,D_{P1}^{l},D_{P2}^{l},\cdots,D_{P(J-1)}^{l}\}$$
$$\tag{5-24}$$

其次进行确定嵌入模式。H^{h} 和 H^{l} 分别代表高位差值直方图和低位差值直方图。H_{w}^{h} 代表高位差值向量中值等于 w 的元素个数，$w\in[1-2^{e},2^{e}-1]$；H_{v}^{l} 代表低位差值向量中值等于 v 的元素个数，$v\in[1-2^{8-e},2^{8-e}-1]$。设 H_{i}^{h} 和 H_{j}^{h} 分别是高位差值直方图中条柱最大和次大的值，$S_{h}=\min(i,j)$，$B_{h}=\max(i,j)$。设 H_{p}^{l} 和 H_{q}^{l} 分别是低位差值直方图中条柱最大和次大的值，$S_{l}=\min(p,q)$，$B_{l}=\max(p,q)$。

式(5-18)所示的密文高位位平面 $\boldsymbol{C}_{h}$ 中除每个图像块的参考像素外，值等于 $(2^{e}-1)$ 和 $(2^{e}-2)$ 的个数定义为密文图像高位向量的右侧定位图长度 R_{h}，值为 0 和 1 的个数定义为高位分量左侧定位图长度 L_{h}。式(5-20)所示的密文高位位平面 $\boldsymbol{C}_{l}$ 中除每个图像块的参考像素外，值等于 $(2^{8-e}-1)$ 和 $(2^{8-e}-2)$ 的个数定义为密文图像低位向量的右侧定位图长度 R_{l}，值为 0 和 1 的个数定义为低位分量左侧定位图长度 L_{l}。根据差值直方图平移数据嵌入的原理，高位位平面在直方图的左侧条柱和右侧条柱可以嵌入的最大数据量分别为

$$X_{h}^{s}=H_{S_{h}}^{h}-L_{h} \tag{5-25}$$

$$X_{h}^{b}=H_{B_{h}}^{h}-R_{h} \tag{5-26}$$

低位位平面在直方图的左侧条柱和右侧条柱可以嵌入的最大数据量分别为

$$X_{l}^{s}=H_{S_{l}}^{l}-L_{l} \tag{5-27}$$

$$X_{l}^{b}=H_{B_{l}}^{l}-R_{l} \tag{5-28}$$

以下为确定嵌入模式的过程：

若 $X_{h}^{s}>0$，则在差值直方图的 S_{h} 处进行嵌入；若 $X_{h}^{s}\leqslant 0$，S_{h} 处不进行嵌入。

若 $X_{h}^{b}>0$，则在差值直方图的 B_{h} 处进行嵌入；若 $X_{h}^{b}\leqslant 0$，B_{h} 处不进行嵌入。

若 $X_1^s>0$，则在差值直方图的 S_1 处进行嵌入；若 $X_1^s\leqslant0$，S_1 处不进行嵌入。

若 $X_1^b>0$，则在差值直方图的 B_1 处进行嵌入；若 $X_1^b\leqslant0$，B_1 处不进行嵌入。

嵌入位置选择情况如表 5-1 所示。

表 5-1　嵌入位置选择情况

条件	$X_h^s>0$；$X_h^b>0$	$X_h^s>0$；$X_h^b\leqslant0$	$X_h^s\leqslant0$；$X_h^b>0$	$X_h^s\leqslant0$；$X_h^b\leqslant0$
$X_1^s>0$；$X_1^b>0$	S_h、B_h、S_1、B_1	S_h、S_1、B_1	B_h、S_1、B_1	$S_1 B_1$
$X_1^s>0$；$X_1^b\leqslant0$	S_h、B_h、S_1	S_h、S_1	B_h、S_1	S_1
$X_1^s\leqslant0$；$X_1^b>0$	S_h、B_h、B_1	S_h、B_1	B_h、B_1	B_1
$X_1^s\leqslant0$；$X_1^b\leqslant0$	S_h、B_h	S_h	B_h	无

然后是防止像素溢出的预处理过程。设密文图像中图像块 I_i 的第 j 个密文像素为 C_{ij}，其高位分量和低位分量分别表示为 C_{ij}^h 和 C_{ij}^l，其中，$C_{ij}\in[0,255]$，$C_{ij}^h\in[0,2^e-1]$，$C_{ij}^l\in[0,2^{8-e}-1]$。为防止数据嵌入过程中出现像素值溢出，需要根据数据嵌入模式进行预处理。设 $\boldsymbol{F}_h$ 或 $\boldsymbol{F}_l$ 分别为高位溢出向量和低位溢出向量。

若 $X_h^s>0$，则对满足 $C_{ij}^h=0$ 的高位分量进行加 1 操作，并在 $\boldsymbol{F}_h$ 中保存一个标记"1"；对满足 $C_{ij}^h=1$ 的高位分量保持不变，并在 $\boldsymbol{F}_h$ 中保存一个标记"0"。

若 $X_h^b>0$，则对满足 $C_{ij}^h=2^e-1$ 的高位分量进行减 1 操作，并在 $\boldsymbol{F}_h$ 中保存一个标记"1"；对满足 $C_{ij}^h=2^e-2$ 的高位分量保持不变，并在 $\boldsymbol{F}_h$ 中保存一个标记"0"。

若 $X_1^s>0$，则对满足 $C_{ij}^l=0$ 的高位分量进行加 1 操作，并在 $\boldsymbol{F}_l$ 中保存一个标记"1"；对满足 $C_{ij}^l=1$ 的高位分量保持不变，并在 $\boldsymbol{F}_l$ 中保存一个标记"0"。

若 $X_1^b>0$，则对满足 $C_{ij}^l=2^{8-e}-1$ 的高位分量进行减 1 操作，并在 $\boldsymbol{F}_l$ 中保存一个标记"1"；对满足 $C_{ij}^l=2^{8-e}-2$ 的高位分量保持不变，并在 $\boldsymbol{F}_l$ 中保存一个标记"0"。

数据嵌入过程分别在高位位平面和低位位平面进行，设 C_{ij}^h 和 E_{ij}^h 分别为数据嵌入前和嵌入后的密文像素高位分量，C_{ij}^l 和 E_{ij}^l 分别为数据嵌入前和嵌入后的密文像素低位分量。若在高位位平面和低位位平面中待嵌入的消息比特分别为 b_h 和 b_l，E_{ij}^h 和 E_{ij}^l 分别为加密域数据嵌入后的像素高位分量和低位分量，根据前序章节确定的嵌入模式，数据嵌入方式如下。

若 S_h 处可以进行数据嵌入，则嵌入过程为

$$E_{ij}^h=\begin{cases}C_{ij}^h-1,&D_{ij}^h<S_h\\C_{ij}^h-b_h,&D_{ij}^h=S_h\\C_{ij}^h,&D_{ij}^h>S_h\end{cases}\qquad(5-29)$$

若 B_h 处可以进行数据嵌入，则嵌入过程为

$$E_{ij}^h=\begin{cases}C_{ij}^h,&D_{ij}^h<B_h\\C_{ij}^h+b_h,&D_{ij}^h=B_h\\C_{ij}^h+1,&D_{ij}^h>B_h\end{cases}\qquad(5-30)$$

若 S_1 处可以进行数据嵌入，则嵌入过程为

$$E_{ij}^{\rm l}=\begin{cases}C_{ij}^{\rm l}-1, & D_{ij}^{\rm l}<S_1 \\ C_{ij}^{\rm l}-b_1, & D_{ij}^{\rm l}=S_1 \\ C_{ij}^{\rm l}, & D_{ij}^{\rm l}>S_1\end{cases} \tag{5-31}$$

若 B_1 处可以进行数据嵌入，则嵌入过程为

$$E_{ij}^{\rm l}=\begin{cases}C_{ij}^{\rm l}, & D_{ij}^{\rm l}<B_1 \\ C_{ij}^{\rm l}+b_1, & D_{ij}^{\rm l}=B_1 \\ C_{ij}^{\rm l}+1, & D_{ij}^{\rm l}>B_1\end{cases} \tag{5-32}$$

4. 数据提取与恢复

若高位位平面和低位位平面中待恢复的消息比特分别为 $b_{\rm h}$ 和 b_1，待恢复的密文图像高位分量和低位分量分别为 $C_{ij}^{\rm h}$ 和 $C_{ij}^{\rm l}$。对应于前序章节的数据嵌入过程，$b_{\rm h}$ 和 b_1 的数据提取过程分别为

$$b_{\rm h}=\begin{cases}0, & E_{ij}^{\rm h}-E_{iu}^{\rm h}=S_{\rm h}, B_{\rm h} \\ 1, & E_{ij}^{\rm h}-E_{iu}^{\rm h}=S_{\rm h}-1, B_{\rm h}+1\end{cases} \tag{5-33}$$

$$b_1=\begin{cases}0, & E_{ij}^{\rm l}-E_{iu}^{\rm l}=S_1, B_1 \\ 1, & E_{ij}^{\rm l}-E_{iu}^{\rm l}=S_1-1, B_1+1\end{cases} \tag{5-34}$$

密文图像高位分量 $C_{ij}^{\rm h}$ 和低位分量 $C_{ij}^{\rm l}$ 的恢复过程为

$$C_{ij}^{\rm h}=\begin{cases}C_{ij}^{\rm h}+1, & E_{ij}^{\rm h}-E_{iu}^{\rm h}\leqslant S_{\rm h}-1 \\ C_{ij}^{\rm h}, & E_{ij}^{\rm h}-E_{iu}^{\rm h}=S_{\rm h}, B_{\rm h} \\ C_{ij}^{\rm h}-1, & E_{ij}^{\rm h}-E_{iu}^{\rm h}\geqslant B_{\rm h}+1\end{cases} \tag{5-35}$$

$$C_{ij}^{\rm l}=\begin{cases}C_{ij}^{\rm l}+1, & E_{ij}^{\rm l}-E_{iu}^{\rm l}\leqslant S_1-1 \\ C_{ij}^{\rm l}, & E_{ij}^{\rm l}-E_{iu}^{\rm l}=S_1, B_1 \\ C_{ij}^{\rm l}-1, & E_{ij}^{\rm l}-E_{iu}^{\rm l}\geqslant B_1+1\end{cases} \tag{5-36}$$

在图像恢复过程中，首先利用与图像加密步骤中相对应的逆置乱密钥 K_P^{-1} 对恢复得到的密文图像进行图像块逆置乱，得到的密文高位分量和密文低位分量分别为 $c_{ij}^{\rm h}$ 和 $c_{ij}^{\rm l}$。然后，利用块内高位密钥 $K_i^{\rm h}$ 和低位密钥 $K_i^{\rm l}$ 根据下两式进行解密，得到原始像素 I_{ij} 的高位分量 $I_{ij}^{\rm h}$ 和低位分量 $I_{ij}^{\rm l}$，并组合为载体图像 I。

$$I_{ij}^{\rm h}=(c_{ij}^{\rm h}+K_i^{\rm h})\bmod 2^e \tag{5-37}$$

$$I_{ij}^{\rm l}=(c_{ij}^{\rm l}+K_i^{\rm l})\bmod 2^{8-e} \tag{5-38}$$

5.4　仿真实验与性能分析

为检验 RDH-DS 算法的性能，本节进行仿真实验及结果分析。首先对算法实现过程中的参数选择进行分析，研究位平面参数、分块参数、参考像素等对算法性能的影响。在可逆性验证的基础上，将对嵌入容量等算法性能进行比较分析。实验选用联想 Thinkpad 品牌笔记本电脑，搭载 Windows 7 操作系统，CPU 型号为 Intel 酷睿 i5 8300H，主频为 2.30 GHz，内存大小为 8.00 GB。实验仿真软件为 R2016a(9.0 版本)。在图像集方面，选择前文提到的 USC-SIPI 数据库。

1. 参数选择

根据 RDH－BS 算法实现步骤和嵌入原理，算法中涉及的主要参数包括位平面参数 e、分块尺寸参数 m 和 n 以及参考像素参数 u 等。部分测试图像如图 5－5 所示，大小均为 512×512，分别为 Baboon 图、Barbara 图、Boat 图、Crowd 图、F16 图、House 图、Lena 图、Peppers 图、Sailboat 图、Splash 图、Stream Tank 图。

（a）Baboon　　　　　　（b）Barbara　　　　　　（c）Boat

（d）Crowd　　　　　　（e）F16　　　　　　（f）House

（g）Lena　　　　　　（h）Peppers　　　　　　（i）Sailboat

（j）Splash　　　　　　（k）Stream　　　　　　（l）Tank

图 5－5　部分测试图像（RDH－DS 算法）

1）位平面参数选择

为验证算法中位平面参数 e 对嵌入性能的影响，首先以分块大小 3×3 为例，选择 12 张标准测试图像对参数 e 的选取进行仿真实验。图 5-6 所示为 Lena 图取不同位平面参数时的实验结果，其中，条柱大小代表可以用来嵌入的直方图条柱的高度，即最大嵌入数据量；定位图大小代表为了防止像素值溢出，需要作为待嵌消息一部分的定位图的数据量大小；嵌入量为实际可以嵌入的秘密消息数据量，嵌入量等于条柱大小减去定位图大小。图 5-6(a)和图 5-6(b)分别代表只用前 e 个高位位平面或者只用后 e 个低位位平面时的实验结果。从图 5-6(a)可以看出，随着高位位平面个数的增多，条柱大小和定位图大小均逐渐减小，实际嵌入量随位平面个数增多先增大后减小，只取前 4 个位平面时嵌入量达到最大值。从图 5-6(b)可以看出，随着低位位平面个数的增多，条柱大小基本保持不变，定位图大小逐渐减小，实际嵌入量随位平面个数增多逐渐增大，只取后 7 个位平面时嵌入量达到最大值。分析其原因：高位位平面中 e 越小，相邻像素的高位位平面之间的相关性就越强，像素差值就越小，可以用来嵌入的条柱高度就越高。高位位平面中，当 e 越小时，条柱大小的减小速度小于定位图大小的降低速度，所以嵌入量增大；当 e 越大时，条柱大小的减小速度大于定位图大小的降低速度，所以嵌入量逐渐减少。由于相邻像素的低位位平面之间的相关性近似等于相邻像素值的相关性，因此随着 e 的增大，条柱大小基本不变，但是由于定位图逐渐减小，嵌入量随着 e 的增大而逐渐增大。

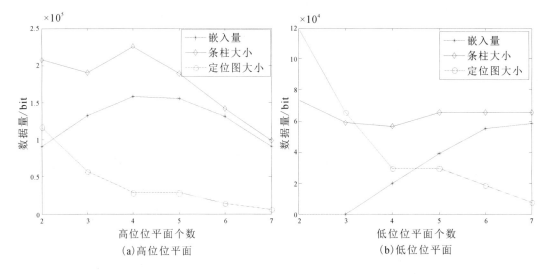

(a)高位位平面　　　　　　　　　　(b)低位位平面

图 5-6　不同位平面参数下部分实验结果（以 Lena 图为例）

高位位平面中可以用来嵌入的左侧条柱和右侧条柱分别为 S_h 和 B_h，低位位平面中可以用来嵌入的左侧条柱和右侧条柱分别为 S_l 和 B_l。图中嵌入量为负数时，代表定位图大小大于条柱大小的情况，此时无法进行有效嵌入。不同图像在参数 e 不同时的嵌入位置如表 5-2 所示。分析表 5-2 和图 5-6 可以得出：当 e 值较小时，由于定位图较大，高位位平面会出现无法嵌入的情况；当 e 值较大时，由于条柱可以嵌入的数据量较小，低位位平面会出现无法嵌入的情况；当 e 值适中时，由于条柱嵌入量和定位图大小相对平衡，可以得到较好（大）的嵌入量。

表 5 − 2　不同图像随着位平面参数变化时的嵌入位置

e	1	2	3	4	5	6	7	8
Baboon	S_l、B_l	S_h、B_l	S_h、B_h、B_l	S_h、B_h、B_l	S_h、B_h	S_h、B_h	S_h、B_h	S_h、B_h
Barbara	S_l、B_l	S_h、S_l、B_l	S_h、S_l、B_l	S_h、B_h、B_l	S_h、B_h	S_h、B_h	S_h、B_h	S_h、B_h
Boat	S_l、B_l	S_h、S_l、B_l	S_h、B_l	S_h、B_h、B_l	S_h、B_h	S_h、B_h	S_h、B_h	S_h、B_h
Crowd	S_l、B_l	S_h、S_l、B_l	S_h、S_l、B_l	S_h、B_h、S_l、B_l	S_h、B_h	S_h、B_h	S_h、B_h	S_h、B_h
F16	S_l、B_l	S_h、S_l、B_l	S_h、S_l、B_l	S_h、B_h、S_l、B_l	S_h、B_h、B_l	S_h、B_h	S_h、B_h	S_h、B_h
House	S_l、B_l	S_h、S_l、B_l	S_h、S_l、B_l	S_h、B_h、S_l、B_l	S_h、B_h、B_l	S_h、B_h	S_h、B_h	S_h、B_h
Lena	S_l、B_l	S_h、S_l、B_l	S_h、S_l、B_l	S_h、B_h、B_l	S_h、B_h	S_h、B_h	S_h、B_h	S_h、B_h
Stream	S_l、B_l	S_h、S_l、B_l	S_h、S_l、B_l	S_h、B_h、B_l	S_h、B_h	S_h、B_h	S_h、B_h	S_h、B_h
Peppers	S_l、B_l	S_h、S_l、B_l	S_h、S_l、B_l	S_h、B_h、B_l	S_h、B_h	S_h、B_h	S_h、B_h	S_h、B_h
Sailboat	S_l、B_l	S_h、S_l、B_l	S_h、S_l、B_l	S_h、B_h、B_l	S_h、B_h	S_h、B_h	S_h、B_h	S_h、B_h
Splash	S_l、B_l	S_h、S_l、B_l	S_h、S_l、B_l	S_h、B_h、S_l、B_l	S_h、B_h	S_h、B_h	S_h、B_h	S_h、B_h
Tank	S_l、B_l	S_h、S_l、B_l	S_h、S_l、B_l	S_h、B_h、B_l	S_h、B_h	S_h、B_h	S_h、B_h	S_h、B_h

　　图 5 − 7 表示不同图像嵌入量随位平面参数 e 变化而变化的情况，横轴代表位平面参数的取值，纵轴代表该图像在该位平面参数下的最大嵌入量。随着位平面参数增大，不同测试图像的嵌入量均先增大后减小，且当 e 值适中时取得最大值。这与前文分析的结果相吻合。在 12 张测试图像中，Splash 图、F16 图、Tank 图均当 e 值等于 3 时嵌入量达到最大值，其余 9 幅测试图像均当 e 值等于 4 时嵌入量最大。

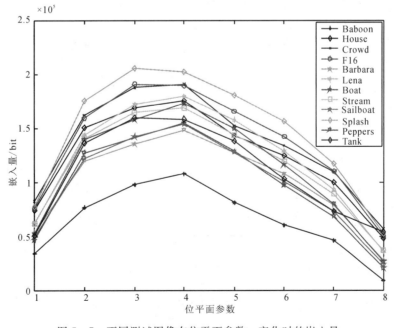

图 5 − 7　不同测试图像在位平面参数 e 变化时的嵌入量

2）分块尺寸参数选择

　　分块大小 m 和 n 也是影响实验性能的重要因素。当分块大小较大时，块内相邻像素之间的相关性在图像加密阶段保留得较多，因此安全性大大降低。在保证安全性一定的前提下，选择适当的分块大小可以有效地提高嵌入量。图 5 - 8 所示为 Lena 图分块大小与嵌入性能的实验结果。图 5 - 8(a)为现有算法以及 RDH - DS 算法取不同参数 e 值时分块大小与嵌入量的对比，实验表明，不同算法下嵌入量均随着分块大小的变大先增大后减小，在分块大小较小时，嵌入量在分块大小为 3×3 模式时达到最大值。图 5 - 8(b)为 RDH - DS 算法参数 e 为 4 时实验性能与分块大小的关系，可以较好地解释图 5 - 8(a)所示的变化规律。实验表明，随着分块大小的增大，可以用来数据嵌入的直方图条柱先变大后减小，但是定位图长度同样先变大后减小，然而条柱的变化率更大，因此总的嵌入量先变大后减小。

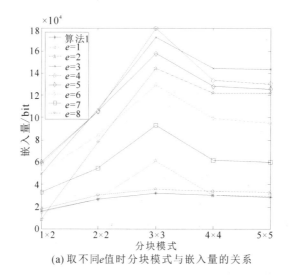

(a) 取不同 e 值时分块模式与嵌入量的关系

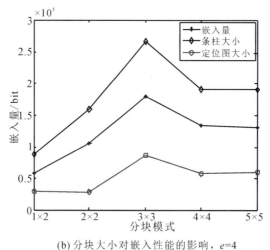

(b) 分块大小对嵌入性能的影响，$e=4$

图 5 - 8　不同分块大小对实验性能的影响

3）参考像素参数选择

参考像素参数 u 是指在加密域数据嵌入的差值计算环节被作为参考像素的像素相对位置。前文所介绍的参考像素参数 u 的取值包括 3×3 图像块中的 9 个位置，即 1～9 共 9 个取值，分别对应于"左上""上""右上""左""中""右""左下""下"以及"右下"9 个相对位置。以 Lena 图像为例，位平面参数取值为 $e=3$，分块参数取值为 $m=3$，$n=3$。实验结果如图 5 - 9 所示，横轴代表参考像素取值对应的相对位置，纵轴代表该参考像素所对应的最大嵌入量。实验表明参考像素可以影响嵌入量，位置相对中间的参考像素对嵌入性能有一定的提升作用。

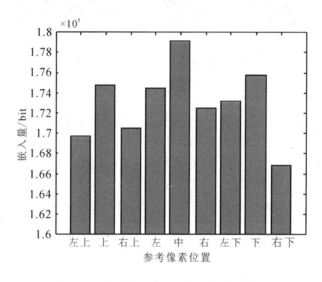

图 5 - 9　参考像素参数对实验性能的影响

2. 可逆性验证

为验证 RDH - BS 算法的可逆性，以 Lena 图像为例进行实验，相关实验结果如图 5 - 10 所示。图 5 - 10(a)所示的原始图经图像加密后转化为图 5 - 10(b)所示的加密图，秘密数据嵌入后的载密图如图 5 - 10(c)所示。接收方接收到载密图后，提取信息并进行图像恢复，得到的恢复图如图 5 - 10(d)所示，经过 PSNR 计算，证明该图与原始图完全一致，算法的可逆性得到证明。若对载密图直接进行图像解密，则直接解密图如图 5 - 10(e)～(j)所示，分别对应位平面参数 e 的取值为 2～7。从图中可以看出，位平面参数 e 的取值越大，直接解密图的图像质量越高。

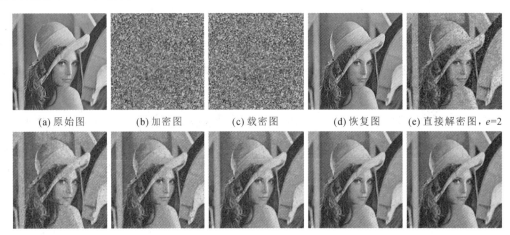

(a) 原始图　　　(b) 加密图　　　(c) 载密图　　　(d) 恢复图　　(e) 直接解密图，$e=2$

(f) 直接解密图，$e=3$　(g) 直接解密图，$e=4$　(h) 直接解密图，$e=5$　(i) 直接解密图，$e=6$　(j) 直接解密图，$e=7$

图 5－10　图像嵌入提取过程变化情况（RDH－BS 算法）

3. 嵌入性能对比

为简化，将文献[12]和文献[13]的加密算法分别记作加密算法 A 和加密算法 B，将差值直方图平移（DHS）的嵌入方法和基于预测误差直方图平移（PEHS）的嵌入方法分别记作嵌入算法 A 和嵌入算法 B。RDH－BS 算法与现有算法的性能对比情况如表 5－3～表 5－6所示。其中，"PSN"代表 PSNR 值。

表 5－3　RDH－BS 算法与现有算法性能对比（加密算法 A＋嵌入算法 A）

图像	现有算法	RDH－BS 算法											
		$e=2$		$e=3$		$e=4$		$e=5$		$e=6$		$e=7$	
	EC	EC	PSNR	EC	PSNR	EC	PSNR	EC	PSNR	EC	PSNR	EC	PSNR
Baboon	7686	47396	18.56	66062	22.81	53690	26.54	43328	31.65	27502	37.17	15422	42.92
Barbara	24231	88936	18.50	103596	22.82	98484	28.17	89189	32.24	68382	37.63	43490	43.21
Boat	18803	98331	18.49	115672	22.79	101368	27.30	87186	32.21	59064	37.52	34616	43.11
Crowd	52633	126467	18.49	157823	22.80	138935	28.16	124947	32.76	102385	38.05	72073	43.52
F16	44484	124810	18.55	157806	22.79	139113	28.17	124253	32.76	102102	38.05	72084	43.52
House	42765	116639	18.50	135131	22.80	121261	28.17	102870	32.44	85626	37.84	63261	43.43
Lena	31672	112390	18.56	140530	22.79	128200	28.17	115181	32.61	87187	37.86	56089	43.34
Peppers	24205	108646	18.54	128362	22.82	120310	28.15	106136	32.48	75036	37.71	45123	43.22
Sailboat	21321	92059	18.51	113046	22.80	101087	28.17	87216	32.21	62123	37.55	38506	43.15
Splash	46450	138723	18.59	172590	22.78	154564	28.14	140502	33.01	113067	38.19	76858	43.58
Stream	32802	109100	18.56	121723	22.83	108778	26.83	104681	31.89	122434	37.34	50756	43.28
Tank	25502	114962	18.57	141090	22.83	112272	27.50	95794	32.33	64940	37.58	39436	43.16

表 5 - 4　RDH - BS 算法与现有算法性能对比(加密算法 A + 嵌入算法 B)

图像	现有算法	RDH - BS 算法										
		$e=2$		$e=3$		$e=4$		$e=5$		$e=6$		$e=7$	
	EC	EC	PSNR	EC	PSNR	EC	PSNR	EC	PSNR	EC	PSNR	EC	PSNR
Baboon	6461	54166	17.60	68380	22.15	54972	25.78	42420	31.01	26139	36.59	14437	42.38
Barbara	21906	99001	17.56	111701	22.14	102264	27.59	91284	31.55	68507	37.01	42959	42.64
Boat	16421	107184	17.56	120246	22.16	102883	26.45	85383	31.49	56205	36.88	32160	42.54
Crowd	50217	142611	17.62	167811	22.15	152468	27.59	122919	31.90	102718	37.36	78618	42.97
F16	40743	133516	17.59	162342	22.15	142352	27.58	126217	31.97	101798	37.36	71081	42.91
House	40671	129345	17.63	150234	22.13	133199	27.60	111809	31.81	92618	37.26	68463	42.88
Lena	29339	119193	17.60	144022	22.14	128383	27.59	113864	31.82	84759	37.18	53935	42.74
Peppers	18593	109546	17.59	124586	22.14	111041	26.54	94442	31.58	62761	36.94	36286	42.57
Sailboat	16174	95051	17.58	113698	22.14	96967	26.35	79321	31.42	53317	36.86	32123	42.54
Splash	45493	151447	17.58	179991	22.17	159016	27.61	141289	32.20	114156	37.52	78133	42.98
Stream	32253	118883	17.61	129942	22.13	110499	26.10	105234	31.28	133781	36.79	53442	42.74
Tank	22586	118379	17.59	140530	22.14	113197	26.56	94441	31.58	62844	36.95	37523	42.59

表 5 - 5　RDH - BS 算法与现有算法性能对比(加密算法 B + 嵌入算法 A)

图像	现有算法	RDH - BS 算法										
		$e=2$		$e=3$		$e=4$		$e=5$		$e=6$		$e=7$	
	EC	EC	PSNR	EC	PSNR	EC	PSNR	EC	PSNR	EC	PSNR	EC	PSNR
Baboon	12370	53374	18.35	137139	20.90	123000	25.95	81634	31.43	46792	37.07	24513	42.86
Barbara	31210	66932	19.62	134861	21.78	155539	26.47	129044	32.00	93838	37.58	57702	43.20
Boat	24439	59734	20.54	163024	21.77	157412	26.75	127224	32.05	83383	37.47	46484	43.08
Crowd	58203	54111	22.99	117570	23.97	192124	26.83	148270	32.37	116115	37.93	84848	43.57
F16	54044	59569	22.87	92898	25.05	192591	26.89	164077	32.47	128003	38.00	88638	43.54
House	52178	53320	22.38	121642	22.96	170061	26.80	142955	32.18	110158	37.78	78254	43.43
Lena	39229	105591	18.96	179397	21.99	189039	26.84	157755	32.38	115753	37.85	71641	43.35
Peppers	30450	118504	18.34	167559	21.91	167321	27.09	143064	32.40	101446	37.70	58404	43.21
Sailboat	27703	92485	18.58	103385	23.05	155805	26.70	128404	31.99	86264	37.50	51040	43.13
Splash	55996	223266	16.49	222715	21.99	176626	27.58	170591	32.91	142580	38.19	95457	43.62
Stream	61425	150225	17.50	161628	21.82	169773	26.42	157367	31.71	171831	37.27	62172	43.28
Tank	42947	77481	20.93	219299	21.29	181849	26.73	138627	32.12	88580	37.52	51241	43.13

表 5-6　RDH-BS 算法与现有算法性能对比(加密算法 B+嵌入算法 B)

图像	现有算法	RDH-BS 算法										
		$e=2$		$e=3$		$e=4$		$e=5$		$e=6$		$e=7$	
	EC	EC	PSNR	EC	PSNR	EC	PSNR	EC	PSNR	EC	PSNR	EC	PSNR
Baboon	16440	71407	17.77	170656	20.54	154213	25.63	105488	31.07	61764	36.65	32496	42.41
Barbara	43609	161954	16.90	179556	21.36	190047	26.16	161492	31.69	122690	37.27	78761	42.84
Boat	31026	183824	16.47	197025	21.27	191544	26.42	158907	31.73	105259	37.09	59078	42.65
Crowd	87772	263990	15.80	271287	21.31	249067	26.61	195766	32.22	161476	37.79	124331	43.37
F16	73847	255358	15.83	271293	21.15	239774	26.56	200012	32.18	161496	37.71	116436	43.22
House	77847	246793	15.93	240923	21.28	225305	26.60	188968	32.04	153590	37.62	114728	43.20
Lena	52723	147398	17.93	220507	21.45	220519	26.46	189607	32.05	144430	37.51	93531	42.98
Peppers	31464	145447	17.41	189134	21.37	190069	26.55	159284	31.86	109091	37.15	61249	42.67
Sailboat	30049	124571	17.59	153999	21.87	185140	26.30	149451	31.55	97384	37.00	56055	42.62
Splash	80999	279008	15.87	277330	21.41	224865	27.14	204392	32.56	179908	37.94	129171	43.36
Stream	88545	141867	18.65	216534	21.49	224325	26.16	191444	31.48	169752	36.99	90545	42.99

从表中可以看出,与未使用 BDC 策略的现有算法相比,RDH-BS 算法虽然在图像质量上有所下降(PSNR 值降低),但是其嵌入量(EC 值)得到了有效提高,而加密域可逆隐藏领域中嵌入量远比图像质量更具有实际意义。此外,位平面参数也可以影响嵌入性能,随着位平面参数增大,嵌入量先增大后降低,当位平面参数为 3 或者 4 时,可以取得最大嵌入量。上述实验结果可以通过前文参数选择部分进行解释。RDH-BS 算法与现有算法在嵌入量以及嵌入阶段运行时间的对比结果分别如图 5-11 和表 5-7 所示。由此看出,基于 BDC 策略的 RDH-BS 算法与现有算法在嵌入过程运行时间、图像质量等方面不具备优势,但是可以有效提高嵌入量,而嵌入量对加密域可逆算法而言更具有实际意义。

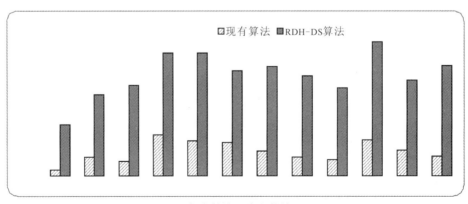

(a) 加密算法A+嵌入算法A

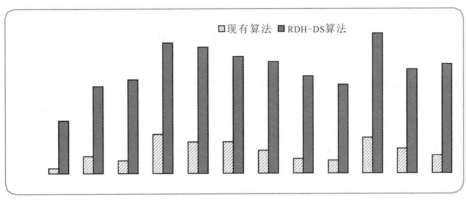

(b) 加密算法A+嵌入算法B

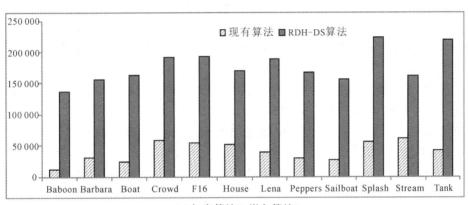

(c) 加密算法B+嵌入算法A

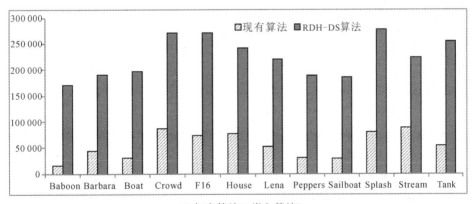

(d) 加密算法B+嵌入算法B

图 5-11　RDH-BS算法与现有算法最大嵌入量对比

表 5-7　RDH-BS算法与现有算法嵌入过程运行时间对比

算法	加密算法 A		加密算法 B	
	现有算法	RDH-BS	现有算法	RDH-BS
运行时间/s	1.06	6.92	2.32	19.83

5.5　本章小结

　　加密域可逆隐藏算法主要分为对称加密域算法和公钥加密域算法。由于对称加密是当前图像加密中应用较广的一类加密方法，因此对称加密域算法是加密域可逆隐藏算法主要的研究方向。密文状态下，单纯计算图像质量意义不大，而提高图像的嵌入量是对称加密域算法研究中亟待解决的重要问题之一。本章介绍的基于位平面分治的对称加密域可逆隐藏算法克服了传统算法往往将单个像素值作为一个整体进行处理，而忽视了像素值各个位平面之间的相关性的问题，有效提高了现有算法的嵌入量。

本章参考文献

[1] 易开祥，孙鑫，石教英. 一种基于混沌序列的图像加密算法[J]. 计算机辅助设计与图形学学报，2000，12(009)：672－676.

[2] 朱桂斌，曹长修，胡中豫，等. 基于仿射变换的数字图像置乱加密算法[J]. 计算机辅助设计与图形学学报，2003，15(6)：711－715.

[3] 李昌刚，韩正之，张浩然. 图像加密技术综述[J]. 计算机研究与发展，2002，39(10)：1317－1324.

[4] 李西明，陶汝裕，粟晨，等. 一种灵活的精度可控的可搜索对称加密方案[J]. 计算机研究与发展，2020，057(001)：1－16.

[5] 胡振宇，孙富春，蒋建春. 对称加密方案的密文验证安全性[J]. 中国科学(F 辑：信息科学)，2009，11：1176－1187.

[6] 鲁力，胡磊. 基于 Weil 对的多接收者公钥加密方案[J]. 软件学报，2008，08：2159－2166.

[7] 裴士辉，赵永哲，赵宏伟. 基于遍历矩阵的公钥加密方案[J]. 电子学报，2010，38(008)：1908－1913.

[8] MA K, ZHANG W, ZHAO X, et al. Reversible data hiding in encrypted images by reserving room before encryption[J]. IEEE Transactions on Information Forensics and Security, 2013, 8(3)：553－562.

[9] ZHANG W, MA K, YU N. Reversibility improved data hiding in encrypted images[J]. Signal Processing, 2014, 94(1)：118－127.

[10] 项世军，罗欣荣. 同态公钥加密系统的图像可逆信息隐藏算法[J]. 软件学报，2016，27(6)：1592－1601.

[11] 项世军，杨乐. 基于同态加密系统的图像鲁棒可逆水印算法[J]. 软件学报，2018，29(4)：957－972.

[12] HUANG F, HUANG J, SHI Y. New framework for reversible data hiding in encrypted domain[J]. IEEE Transactions on Information Forensics and Security, 2016, 11(12)：2777－2789.

[13] YIN Z, BIN L, WIEN H. Separable and error-free reversible data hiding in encrypted image with high payload[J]. The Scientific World Journal, 2014, 14: 1 – 8.

[14] FU Q, HUANG F J, ZHANG M Q, et al. Reversible data hiding in encrypted images with high capacity by bitplane operations and adaptive embedding [J]. Multimedia Tools and Applications, 2018, 77(16): 20917 – 20935.

[15] LEE Y, YANG S. Parallel Block Sequential Closed-Form Matting With Fan-Shaped Partitions[J]. IEEE Transactions on Image Processing, 2018, 27(2): 594 – 605.

[16] DOMINIQUE N, GREGORY J, BERAN O. Massively parallel implementation of divide-and-conquer jacobi iterations using particle-mesh ewald for force field polarization [J]. Journal of Chemical Theory & Computation, 2018, 14(7): 3633 – 3642.

[17] AL-HASHIMI M, ABULNAJA O, SALEH M, et al. Evaluating power and energy efficiency of bitonic mergesort on graphics processing unit [J]. IEEE Access, 2017, 5: 16429 – 16440.

第六章　基于 Paillier 同态的公钥加密域可逆隐藏算法

6.1　公钥加密域可逆隐藏

在密码技术中，根据密钥的不同可以分为对称加密技术[1-3]和公钥加密技术[4-6]，因此加密域可逆隐藏可以大致分为对称加密域可逆隐藏和公钥加密域可逆隐藏[7-8]，分别代表图像加密过程中采用对称加密算法和公钥加密算法。图像加密领域中最经常使用的加密算法都是属于对称加密体制的，早期的加密域可逆隐藏技术也都是面向对称加密算法的。例如，Puech 等[9]提出的第一个加密域可逆隐藏算法以及 Zhang 等[10]提出的较为高效的经典算法，都属于直接利用密钥进行异或操作加密的加密域可逆隐藏算法，其他经典的对称加密域可逆隐藏算法，诸如文献[11]~[17]提出的算法大都是基于异或加密的。

一般来说，与对称加密相比，公钥加密算法虽然加解密速度较慢，但是具有不需要共享通用密钥等优点，因此在云环境的隐私保护等场景下，面向公钥加密域的图像可逆隐藏研究具有重要的研究意义和研究价值，得到了学术界的广泛关注，近年来也涌现出了一系列优秀的研究成果，其中比较有代表性的算法包括文献[18]~[21]提出的算法。为克服传统基于对称加密的可逆隐藏算法需要共享通用密钥的缺点，Chen 等[18]提出了第一个公钥加密域可逆隐藏算法，该算法使用较为经典而且比较适合公钥加密域可逆隐藏算法的 Paillier 加密算法。文献[18]提出的算法允许系统中存在多个图像拥有者和数据嵌入者，接收者设置公钥和私钥，图像拥有者生成加密图像，数据嵌入者根据接收者的公钥在加密图像上进行数据嵌入操作。文献[19]提出的公钥加密域可逆隐藏通过多层湿纸编码将待嵌入数据嵌入到密文像素的几个最低有效位平面中，取得了较好的效果。文献[20]提出的算法基于交叉分割和加性同态思想，有效解决了在一些同态方案中，概率公钥密码体制用于图像加密时会出现数据膨胀的问题。文献[21]指出文献[18]所提出的首个公钥加密域可逆隐藏算法需要将单个像素划分为两个部分然后分别进行加密，容易出现数据溢出的问题。文献[21]提出了基于差值扩展特性的改进算法，克服了上述问题。然而，上述几种算法并没有充分利用好自然图像相邻区域的相关性，存在边信息过多等问题，会在不同程度上影响算法的率失真性能。

为充分挖掘自然图像的相邻像素相关性，进一步提高公钥加密域可逆隐藏算法的嵌入性能，本书作者所在团队进行了进一步研究[22]，在加密算法上选择目前公钥加密域可逆隐藏领域主流的 Paillier 同态算法，在可逆嵌入方法上选择嵌入性能较好的差值扩展方法。本章主要介绍发表在文献[22]上的公钥加密域可逆隐藏算法的基本原理和实现步骤。

6.2　预测误差扩展与 Paillier 算法

本章介绍的算法主要利用了 Paillier 公钥算法的加法同态性以及基于预测差值扩展的可逆隐藏。下面首先介绍基于预测差值扩展的可逆隐藏的基本原理，然后简要介绍 Paillier 公钥算法的基本步骤。

预测误差扩展算法可以看作是差值扩展算法的一种扩展算法。假设当前图像像素的原始像素值和预测像素值分别为 $I(i,j)$ 和 $I^*(i,j)$，则预测误差可以表示为 $e=I(i,j)-I^*(i,j)$。假设待嵌入的秘密信息比特为 $w\in\{0,1\}$，则根据误差扩展原理，可以将嵌入后的误差值修改为 $e^*=2e+w$，这里的误差是指信息嵌入后当前像素值与预测误差值之间的误差，由于预测误差值不变，因此可以反推出经过数据嵌入后的像素值应该为 $I_e(i,j)=I^*(i,j)+e^*$。经过对上述几个公式进行简单的计算，可以得出修改公式 $I_e(i,j)=2I(i,j)-I^*(i,j)+w$。该修改公式表明，只需要计算出当前像素的预测误差值，就可以根据当前像素值、预测误差值和待嵌入消息比特进行像素修改，得到修改后的像素值。接收方根据预测方法可以得到相同的像素预测值，然后计算接收方的预测误差值 $I_e^*(i,j)=I_e(i,j)-I^*(i,j)$。根据前文的修改公式，代入上述公式后可以得到接收方的预测值 $I_e^*(i,j)=2I(i,j)-2I^*(i,j)+w$。由于 $I(i,j)$ 和 $I^*(i,j)$ 均为整数，所以 $I_e^*(i,j)$ 和 w 具有相同的奇偶性，可以根据 $I_e^*(i,j)$ 的奇偶性很容易地提取出秘密信息比特，然后根据嵌入原理恢复出原始的像素值。

Paillier 算法[23] 是较为经典的具有加法同态特性的公钥算法。下面简要介绍该算法的加密和解密过程。首先选择两个较大的素数 a 和 b，然后将 a 和 b 的乘积记为 p，将 $a-1$ 和 $b-1$ 的最小公倍数记为 λ。任意选择随机数 $r\in Z_p^*$，假设待加密的明文信息为 m，加密后的密文用 c 来表示，则加密过程可以表示如下：

$$c=E[m,r]=g^m\cdot r^p \bmod p^2 \qquad (6-1)$$

解密过程可以表示如下：

$$D(c)=\frac{L(c^\lambda \bmod p^2)}{L(g^\lambda \bmod p^2)}\bmod p \qquad (6-2)$$

其中，$L(u)=(u-1)/p$。加法同态性可以用下式表示：

$$D[E[m_1,r_1]\cdot E[m_2,r_2]\bmod p^2]=(m_1+m_2)\bmod p^2 \qquad (6-3)$$

即两个明文相加的结果等于对应密文在密文域进行乘法运算后进行解密。

6.3　基于 Paillier 同态的可逆算法设计

此处介绍一种基于 Paillier 加密算法的可逆隐藏算法，即 RDHEI-P 算法，基本框架如图 6-1 所示（图(a)和图(b)分别给出了数据嵌入过程和数据提取过程的算法示意图）。在数据嵌入过程中，图像拥有者在对原始图像进行预处理的基础上，利用公钥进行同态加密操作，信息隐藏者对秘密信息进行数据嵌入。在数据提取过程中，接收者可以利用私钥直接进行同态解密操作，得到解密图像，也可以在同态解密之后进行数据提取操作，得到秘密信息，之后进行图像恢复操作，得到与原始图像相同的恢复图像。

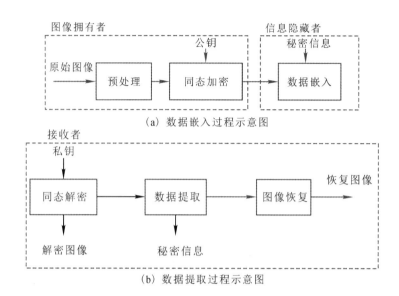

（a）数据嵌入过程示意图

（b）数据提取过程示意图

图 6-1　RDHEI-P 算法基本框架

　　根据算法框架，可以看出该算法属于加密前预留空间的类型，这里的预处理操作相当于在数据加密操作前为数据嵌入提供嵌入空间。下面简要介绍该算法的预处理过程，其中的差值预测采取文献[24]的方法。假设原始载体图像 I 为 8 位灰度图像，即单个像素由 8 个二进制比特组成，图像大小为 $M \times N$。$X(i,j)$ 代表图像第 i 行第 j 列的像素值，即 $X(i,j) \in [0, 255]$，$1 \leqslant i \leqslant N$，$1 \leqslant j \leqslant M$。在该算法中，像素值预测方法采用插值的方法。如图 6-2 所示，将原始图像的像素分为"采样像素（Sample Pixels，SP）"和"非采样像素（Non-Sample Pixels，NS）"两大类。例如，在图 6-2(a) 中，图像标有"SP"的像素代表采样像素，其余位置的像素代表非采样像素，算法利用采样像素的像素值预测非采样像素的像素值，数据嵌入是通过修改非采样像素来实现的，保持采样像素不变。图 6-2(a) 和图 6-2(b) 分别代表第一轮预测和第二轮预测的图像预测示意图。在图 6-2(a) 中，采样像素可以表示为 $X(2n-1, 2m-1)$，其中 $n = 1, 2, \cdots, N/2$，$m = 1, 2, \cdots, M/2$，标有"①"的像素是第一轮需要预测的像素，可以表示为 $X(2n, 2m)$。第一轮预测采取加权预测的方式，首先计算像素在两个对角线方向上的平均值。其中，待预测像素右上角像素和左下角像素构成的对角线（该对角线可以看成与水平方向呈 45 度夹角）平均值为 $X_{45}(2n, 2m) = [X(2n-1, 2m+1) + X(2n+1, 2m-1)]/2$，左上角像素和右下角像素构成的对角线（该对角线可以看成与水平方向呈 135 度夹角）平均值为 $X_{135}(2n, 2m) = [X(2n-1, 2m-1) + X(2n+1, 2m+1)]/2$。假设对于当前像素 $X(2n, 2m)$ 的第一轮预测的预测值用 $X^*(2n, 2m)$ 来表示，则

$$X^*(2n, 2m) = w_{45} \cdot X_{45}(2n, 2m) + w_{135} \cdot X_{135}(2n, 2m) \tag{6-4}$$

　　两个方向权值的计算方式分别为

$$w_{45} = \frac{\sigma_{135}}{\sigma_{135} + \sigma_{45}}, \qquad w_{135} = 1 - w_{45} \tag{6-5}$$

其中，

$$
\begin{cases}
\sigma_{45}=\dfrac{1}{3}\sum_{k=1}^{3}\big[S_{45}(k)-u\big]^2 \\[2mm]
\sigma_{135}=\dfrac{1}{3}\sum_{k=1}^{3}\big[S_{135}(k)-u\big]^2
\end{cases}
\tag{6-6}
$$

$$
\begin{cases}
S_{45}=\{X(2n-1,\,2m+1),\,X_{45}(2n,\,2m),\,X(2n+1,\,2m-1)\} \\[2mm]
u=\dfrac{X(2n-1,\,2m+1)+X(2n+1,\,2m-1)+X(2n-1,\,2m-1)+X(2n+1,\,2m+1)}{4} \\[2mm]
S_{135}=\{X(2n-1,\,2m-1),\,X_{135}(2n,\,2m),\,X(2n+1,\,2m+1)\}
\end{cases}
$$

$$
\tag{6-7}
$$

第二轮预测基本原理如图 6-2(b)所示，标有"②"的像素是第二轮需要预测的像素，可以表示为 $X(2n-1,2m)$ 和 $X(2n,2m-1)$。第二轮预测方法与第一轮的类似，均通过周围四个像素的两个方向加权预测得到。其中，待预测像素正上方像素和正下方像素构成的直线(该直线可以看成与水平方向呈 90 度夹角)平均值作为一个方向，右侧像素和左侧像素构成的直线(该直线可以看成与水平方向呈 0 度夹角)平均值构成另一个预测方向，后续预测方法与第一轮的完全相同。

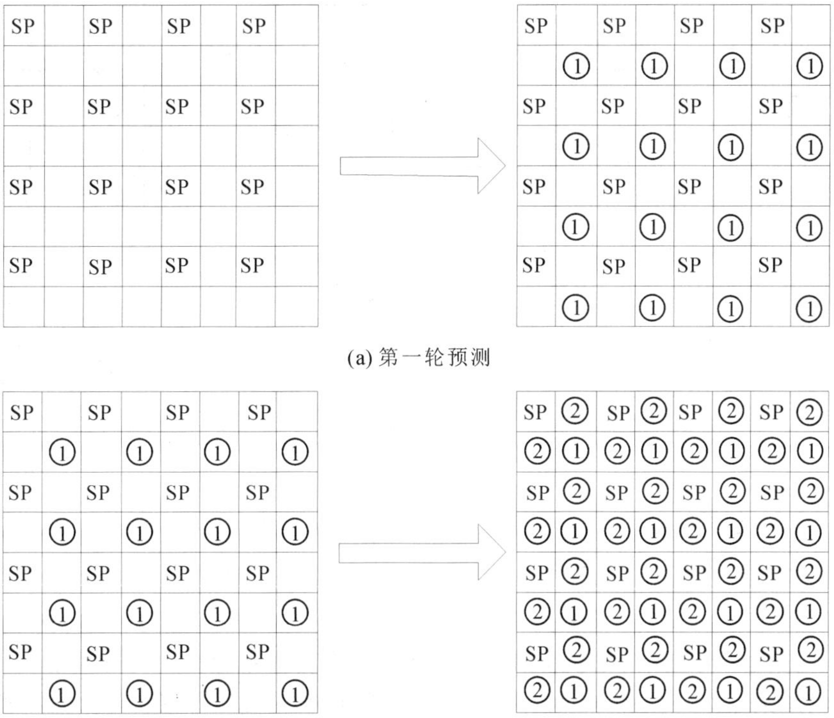

(a) 第一轮预测

(b) 第二轮预测

图 6-2　图像预测示意图

经过上述两轮预测之后，从采样像素值出发可以得到所有非采样像素的预测值。假设原始像素值和像素预测值分别表示为 $X(i,j)$ 和 $X^*(i,j)$，则预测误差可以表示为 $e(i,j)=X(i,j)-X^*(i,j)$。选择合适的参数 θ 用于避免像素值溢出问题，则预处理后非采样像

素 $X(i, j)$ 被修改为

$$X_p^*(i, j) = \begin{cases} 2X(i, j) - X^*(i, j), & |e(i, j)| \leqslant \theta \\ X(i, j), & |e(i, j)| > \theta \end{cases} \quad (6-8)$$

图 6-3 所示为除去加解密过程外的数据嵌入与提取流程示意图，预处理的过程相当于两轮预测数据嵌入。如图 6-3(a) 所示，原始图像首先进行图像分块，划分为两个像素集合，分别进行两轮预测。针对集合 A，根据第一轮预测得到的预测误差进行像素值修改，达到数据嵌入的目的。根据图像预测原理，第二轮预测时需要用到第一轮预测中被修改后的像素，因此集合 B 中像素值的第二轮预测是在载密集合基础上进行的。第二轮预测并进行数据嵌入之后得到集合 B 对应的载密集合，然后与集合 A 得到的载密集合组合，得到载密图像。在数据提取过程中，由于采样像素在数据嵌入过程中保持不变，因此接收端在与数据嵌入方使用相同图像分块操作后可以进行相同的第一轮预测，根据预测结果可以正确提取数据。

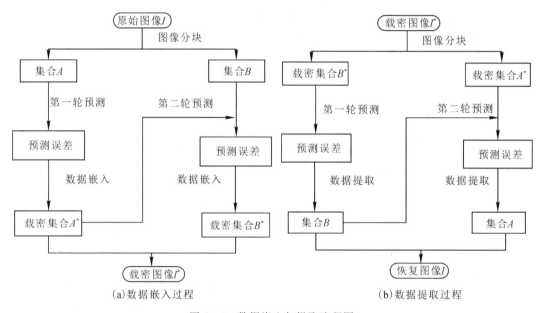

(a) 数据嵌入过程　　　　　　　　　　(b) 数据提取过程

图 6-3　数据嵌入与提取流程图

下面介绍数据加密和数据嵌入过程。根据式 (6-8)，预处理之后的像素值为 $X_p^*(i, j)$，假设加密后像素值为 $c(i, j)$，则加密处理过程为

$$c(i, j) = E[X_p^*(i, j), r(i, j)] = g^{X_p^*(i, j)} \cdot [r(i, j)]^p \bmod p^2 \quad (6-9)$$

其中，$r(i, j)$ 为随机数，由于属于概率加密体制，因此不影响最后的解密结果。假设待嵌入的秘密信息为 $m(i, j) \in \{0, 1\}$，根据基于差值扩展的可逆隐藏算法原理，非加密情况下只需要将预处理操作后的像素值加上秘密信息 $m(i, j)$ 就可以实现可逆嵌入操作。Paillier 加密算法具有加法同态特性，即明文状态下加法操作对应于密文状态下的乘法操作。结合差值扩展基本原理和同态加密算法，密文域数据嵌入操作过程为

$$c_e(i, j) = \begin{cases} c(i, j) \cdot g^{m(i, j)} \cdot [r_e(i, j)]^p \bmod p^2, & (i, j) \in \mathrm{SP} \text{ and } |e(i, j)| \leqslant \theta \\ c(i, j), & (i, j) \in \mathrm{NSP} \end{cases}$$

$$(6-10)$$

其中，$r_e(i,j)$ 代表随机数，$c_e(i,j)$ 代表密文域数据嵌入后的像素值。在接收端，根据同态解密算法原理，假设直接解密后的明文为 $d(i,j)$，则图像解密过程为

$$d(i,j)=\frac{L\{[c_e(i,j)]^\lambda \bmod p^2\}}{L(g^\lambda \bmod p^2)} \bmod p \tag{6-11}$$

其中，$L(\cdot)$ 的定义为

$$L(u)=\frac{u-1}{p} \tag{6-12}$$

由于基于差值扩展的可逆隐藏算法在数据嵌入之后造成的图像失真相对较小，因此直接解密图像与原始载体图像相比在视觉上较难区分。根据数据嵌入原理，直接解密像素值 $d(i,j)$ 与原始像素值 $X(i,j)$ 之间的关系为

$$d(i,j)=\begin{cases}2X(i,j)-X_p(i,j)+m(i,j) & (i,j)\in \text{NSP} \\ X(i,j) & (i,j)\in \text{SP}\end{cases} \tag{6-13}$$

其中，$X_p(i,j)$ 和 $m(i,j)$ 分别代表直接解密后像素的预测值和之前嵌入的秘密信息比特。由于采样像素在数据嵌入过程中并未修改，因此直接解密后采样像素的像素值即为采样像素的图像恢复像素值。对于非采样像素，在直接解密图像上计算得到的新的预测误差为

$$e^*(i,j)=d(i,j)-X_p(i,j)=2X(i,j)-2X_p(i,j)+m(i,j) \tag{6-14}$$

从上述公式可以得出，新的预测误差与嵌入的秘密信息具有相同的奇偶性，因此秘密信息的提取过程为

$$m(i,j)=\begin{cases}0, & m_t^*(i,j)\bmod 2=0 \\ 1, & m_t^*(i,j)\bmod 2=1\end{cases} \tag{6-15}$$

综合上述公式，非采样像素的图像恢复过程为

$$X(i,j)=\begin{cases}\dfrac{m_t^*(i,j)-m(i,j)}{2}+X_p(i,j), & (i,j)\in \text{NSP} \\ m_t^*(i,j), & (i,j)\in \text{SP}\end{cases} \tag{6-16}$$

6.4　仿真实验与性能分析

借助 Matlab 软件，可以对 RDHEI-P 算法的嵌入量、含密图像质量等评价指标进行对比和分析。为验证算法在式(6-8)中参数 θ 不同情况下的可逆性，选择像素大小为 512×512 的标准测试图像 Lena 作为原始载体图像进行实验，实验结果如图 6-4 所示。图 6-4(a) 为原始载体图像，属于 8 位灰度图像。图 6-4(b)、图 6-4(c)、图 6-4(d)、图 6-4(e) 分别是参数取值为 $\theta=0$、$\theta=4$、$\theta=7$ 和 $\theta=31$ 时的直接解密图像。经过计算，四种情况下嵌入量分别为 0.09 b/p、0.56 b/p、0.66 b/p 和 0.75 b/p，直接解密图像的 PSNR 值分别为 61.45 dB、43.50 dB、40.13 dB 和 34.22 dB。其中，"b/p"代表平均单个像素可以嵌入多少比特的秘密信息，数值越大代表嵌入量越大；"dB"代表待比较图像与原始图像相比的峰值信噪比，数值越大代表该图像与原始图像的差别越小。根据上述实验数据以及图 6-4 中的实验结果，可以看出参数 θ 对于嵌入量和直接解密图像质量均有一定影响：参数 θ 取值越大，算法的嵌入量越大，但是直接解密图像的图像质量越低。图 6-4(d) 代表算法在数据提

取之后进行图像恢复操作得到的恢复图像。经过计算可得出结论：不论参数 θ 取值如何，恢复图像与原始图像相比的峰值信噪比 PSNR 值均为无穷大，即均可以完全无失真地恢复出原始载体图像，这也验证了 RDHEI - P 算法具有可逆性。

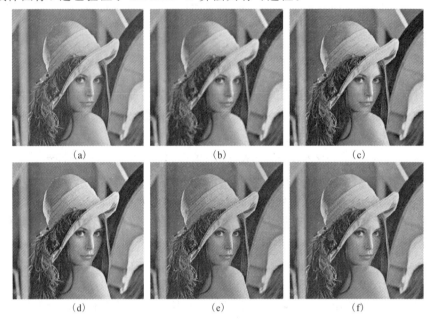

图 6 - 4　数据嵌入与提取流程图

为进一步验证参数 θ 对于嵌入量和直接解密图像质量等评价指标的影响，从测试图像库中选择具有代表性的 6 幅图像进行实验。6 幅图像如图 6 - 5 所示，分别为 Lena、

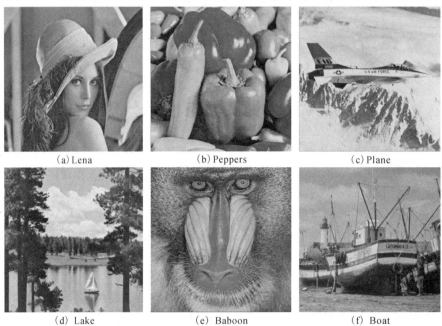

图 6 - 5　实验选取的标准测试图像

Peppers、Plane、Lake、Baboon 和 Boat，所有图像均为 8 位灰度图像，像素大小均为 512×512。表 6-1 和表 6-2 所示为参数 θ 取不同数值时各图像在嵌入量和图像质量上的变化，其中"Payload"和"PSNR"分别代表嵌入量和峰值信噪比。从表中可以看出，随着参数 θ 的取值变大，算法的嵌入容量变大，但是直接解密图像的图像质量变低。因此，该算法在具体应用过程中应该根据应用场景的不同选择合适的参数。

表 6-1　实验对比结果($\theta=0$, 1, 2, 3, 4, 5, 7)

图像	指标	$\theta=0$	$\theta=1$	$\theta=2$	$\theta=3$	$\theta=4$	$\theta=5$	$\theta=7$
Lena	payload	0.093	0.261	0.394	0.491	0.558	0.603	0.657
	PSNR	61.44	53.39	48.62	45.56	43.49	42.03	40.13
Peppers	payload	0.067	0.195	0.312	0.410	0.489	0.55	0.631
	PSNR	62.92	54.6	49.38	45.87	43.4	41.56	39.12
Plane	payload	0.134	0.338	0.459	0.533	0.578	0.609	0.648
	PSNR	59.87	52.33	48.39	45.95	44.33	43.12	41.28
Lake	payload	0.060	0.170	0.260	0.333	0.394	0.445	0.525
	PSNR	63.37	55.25	50.35	47.00	44.51	42.57	39.7
Baboon	payload	0.028	0.082	0.135	0.185	0.230	0.271	0.341
	PSNR	66.70	58.30	52.92	49.09	46.22	43.99	40.66
Boat	payload	0.089	0.248	0.368	0.448	0.501	0.538	0.590
	PSNR	61.68	53.62	48.99	46.13	44.21	42.79	40.64

表 6-2　实验对比结果($\theta=10$, 20, 30, 40, 50)

图像	指标	$\theta=10$	$\theta=20$	$\theta=30$	$\theta=40$	$\theta=50$
Lena	payload	0.695	0.736	0.746	0.749	0.750
	PSNR	38.46	35.61	34.32	33.67	33.39
Peppers	payload	0.689	0.734	0.743	0.746	0.748
	PSNR	37.14	34.82	33.86	33.26	32.79
Plane	payload	0.680	0.725	0.739	0.744	0.745
	PSNR	39.45	35.83	34.02	33.13	32.66
Lake	payload	0.604	0.704	0.732	0.743	0.747
	PSNR	36.9	32.75	30.99	30.03	29.52
Baboon	payload	0.422	0.573	0.649	0.693	0.719
	PSNR	37.31	31.43	28.37	26.37	25.07
Boat	payload	0.641	0.716	0.738	0.745	0.748
	PSNR	38.26	34.01	32.19	31.28	30.78

　　图 6-6 给出了 6 幅图像在两轮预测之后的预测误差直方图，其中横坐标代表预测误差值，纵坐标代表整幅图像中该预测值出现的频次。预测误差直方图是影响可逆隐藏算法性能的重要因素。一般而言，预测误差直方图中峰值部分的像素越集中，说明预测方法的精度越好，可逆隐藏的嵌入量越高，载密图像的图像质量也越好。从图中可以看出，该算法在不同图像上均具有较高的预测性能和嵌入性能。

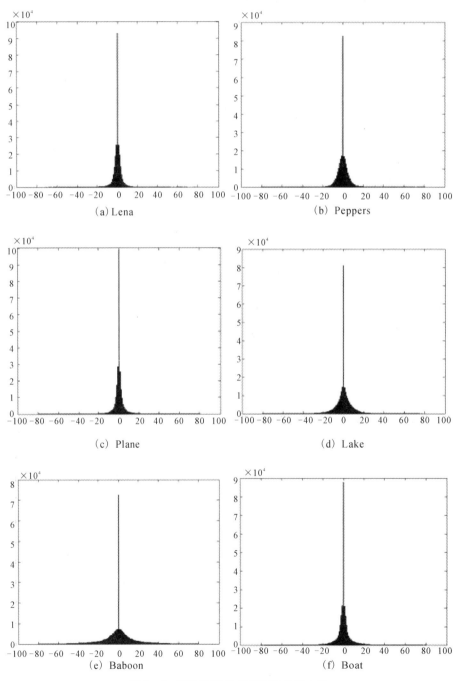

图 6-6　两轮预测后的预测误差直方图

为进一步分析 RDHEI-P 算法的嵌入性能，下面将相关文献提出的算法与 RDHEI-P 算法进行嵌入性能对比分析，6 幅标准测试图像的对比结果如图 6-7 所示。图中横轴代表嵌入量（单位为 b/p），纵轴为 PSNR（单位为 dB）。图中的曲线代表算法的 PSNR 随着嵌入量增大的变化情况，也被称作率失真性能曲线。曲线越靠近右上角时，代表率失真性能越好，算法嵌入性能越好。从图中可以看出，无论是在相对较为平滑的图像中，还是在纹理复杂度相对较大的图像中，与其他算法相比，RDHEI-P 算法均具有更好的率失真性能。一方面，在相同载体图像中，在相同嵌入量的情况下，RDHEI-P 算法具有更好的载密图像质量。另一方面，在相同载体图像中，在载密图像质量相同的情况下，RDHEI-P 算法可以嵌入更大数据量的秘密信息。

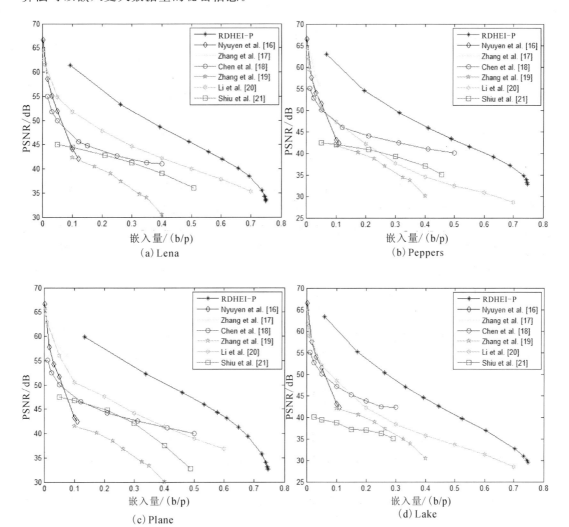

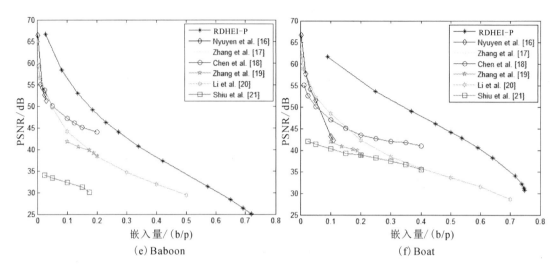

(e) Baboon   (f) Boat

图 6 - 7   不同算法嵌入性能对比

6.5   本 章 小 结

  由于同态加密与对称加密相比具有很多不可替代的优势，因而同态加密域可逆隐藏技术具有重要的研究价值和意义。当前大多数经典的同态加密域可逆隐藏算法是基于 Paillier 加密算法的，可以有效解决对称加密域算法需要提前共享对称密钥的缺陷。Paillier 加密算法属于同态加密算法中较为经典、较为基础的一类算法，且具有加法同态等特性，是同态加密域可逆隐藏算法中较为理想的加密方法。本章在介绍相关研究背景的基础上，介绍了一种基于 Paillier 同态加密和预测误差差值扩展的同态加密域可逆隐藏算法 RDHEI - P 算法，该算法在数据嵌入方面选择了嵌入性能较好的基于插值技术的预测误差差值扩展方法，充分挖掘了自然图像相邻像素之间的相关性。实验表明，与现有算法相比，RDHEI - P 算法在嵌入量和直接解密图像质量等嵌入性能上具有明显的改进。

本章参考文献

[1]   李晖，李丽香，邵帅. 对称密码学及其应用[M]. 北京：北京邮电大学出版社，2009.

[2]   蒙杨，卿斯汉，刘克龙. 等级加密体制中的密钥管理研究[J]. 软件学报，2001(08)：1147 - 1153.

[3]   郎为民，焦巧，李建军，等. 基于对称加密体制和散列链的新型公正微支付系统[J]. 信息网络安全，2009(03)：4 - 6.

[4]   薛锐. 公钥加密理论[M]. 北京：科学出版社，2016.

[5]   张险峰，秦志光，刘锦德. 椭圆曲线加密系统的性能分析[J]. 电子科技大学学报，2001，030(002)：144 - 147.

[6]   光焱，顾纯祥，祝跃飞，等. 一种基于 LWE 问题的无证书全同态加密体制[J]. 电子与信息学报，2013，35(4)：988 - 993.

[7]　柯彦，张敏情，刘佳，等．密文域可逆信息隐藏综述[J]．计算机应用，2016(11)：3067－3076.

[8]　SHI Y Q，LI X，ZHANG X，et al. Reversible data hiding：Advances in the past two decades[J]. IEEE Access，2016，4：3210－3237.

[9]　PUECH W，CHAUMONT M，STRAUSS O . A reversible data hiding method for encrypted images[J]. Proceedings of SPIE-The International Society for Optical Engineering，2008，6819.

[10]　ZHANG X. Reversible data hiding in encrypted image [J]. IEEE Signal Process. Lett. 2011，18(4)：255－258.

[11]　QIAN Z，ZHANG X. Reversible data hiding in encrypted images with distributed source encoding [J]. IEEE Trans. Circuits Syst. Video Technol. 2016，26(4)：636－646.

[12]　WU H，SHI Y，WANG H，et al. Separable reversible data hiding for encrypted palette images with color partitioning and flipping verification[J]. IEEE Trans. Circuits Syst. Video Technol. 2016，DOI：10. 1109/TCSVT. 2016. 2556585.

[13]　MA K，ZHANG W，ZHAO X，et al. Reversible data hiding in encrypted images by reserving room before encryption [J]. IEEE Trans. Inf. Secur. Forensics，2013，8(3)：553－562.

[14]　ZHOU J，SUN W，DONG L，et al. Secure reversible image data hiding over encrypted domain via key modulation [J]. IEEE Trans. Circuits Syst. Video Technol. 2016，26(3)：441－452.

[15]　CAO X，DU L，WEI X，et al. High capacity reversible data hiding in encrypted images by patch-level sparse representation [J]. IEEE Trans. Cybern. 2016，46(5)：1132－1143.

[16]　NYUYEN T，CHANG C，CHANG W. High capacity reversible data hiding scheme for encrypted images [J]. Signal Process. ：Image Commun，2016，44：52－64.

[17]　ZHANG W，MA K，YU N. Reversibility improved data hiding in encrypted images[J]. Signal Process，2014，94(1)：118－127.

[18]　CHEN Y，SHIU C，HORNG G. Encrypted signal-based reversible data hiding with public key cryptosystem [J]. J. Vis. Commun. Image R，2014，25：1164－1170.

[19]　ZHANG X，LONG J，WANG Z，et al. Lossless and reversible data hiding in encrypted images with public key cryptography [J]. IEEE Trans. Circuits Syst. Video Technol，2015，10：1109.

[20]　LI M，XIAO D，ZHANG Y，et al. Reversible data hiding in encrypted images using cross division and additive homomorphism [J]. Signal Process：Image Commun，2015，39：234－248.

[21]　SHIU C，CHEN Y，HONG W. Encrypted image-based reversible data hiding with public key cryptosystem from difference expansion [J]. Signal Process：Image

Commun，2015，39：226 - 233.

[22] DI F Q，ZHANG M Q，ZHANG Y N，et al. Reversible data hiding for encrypted image based on interpolation error expansion[J]. International Journal of Mobile Computing and Multimedia Communications，2018，9(4)：76 - 96.

[23] AGUILAR C，FAU S，FONTAINE C，et al. Recent advances in homomorphic encryption：a possible future for signal processing in the encrypted domain[J]. IEEE Signal Process：Mag，2013，30(2)：108 - 117.

[24] LUO L，CHEN Z，CHEN M，et al. Reversible image watermarking using interpolation technique [J]. IEEE Trans. Inf. Secur. Forensics，2010，5(1)：187 - 193.

第七章 基于生成对抗网络的生成式可逆隐藏算法

7.1 生成式可逆隐藏

随着大数据技术[1]、云计算技术[2]、人工智能技术[3]、量子技术[4]等新技术的不断发展，基于载体修改的传统隐藏算法被深度分析或者恶意攻击检测的威胁越来越大。前面章节介绍的可逆隐藏算法均属于基于载体修改的传统类型的算法，随着深度学习等技术的发展，深度学习与信息隐藏技术的交叉研究逐渐成为近些年的发展趋势之一，例如出现了一系列基于深度学习的隐写与隐写分析技术[5−9]。在深度学习领域，生成对抗网络[10]（Generative Adversarial Networks，GAN）是近年来最广受关注的一种生成模型之一，已在图像处理各个领域得到了广泛应用。随着生成对抗网络模型的不断发展，生成式隐写、生成式隐写分析等新型技术正逐渐成为信息隐藏领域的发展趋势。此外，随着人工智能技术的不断普及，生成式图像也将成为未来多媒体通信中的重要载体之一，而面向生成式图像的可逆隐藏研究目前刚刚起步，仍处于探索阶段。本章将介绍本书作者所在团队在文献[11]中提出的一种基于生成对抗网络进行生成式可逆隐藏的算法，这里的"生成式可逆"并不是传统算法中像素级别完全无失真的可逆隐藏，仅仅是通过深度学习模型的训练在数据嵌入之后依靠模型进行数据提取和图像恢复，数据提取的正确率和图像恢复的像素级别正确率都不能达到百分之百，因此该算法是生成对抗网络技术与可逆隐藏技术进行交叉融合的初步尝试。

文献[11]中算法的提出主要受生成式隐写[12]以及新型密文域可逆隐藏[13]的启发。其中，文献[13]提出的加密域算法基于可逆图像变换，首先利用可逆变换将一幅空间域的载体图像转化为另一幅空间域图像作为载密图像，然后进行数据嵌入，将图像变换看作是图像加密的一种特殊形式。虽然该算法可以达到较高的嵌入性能，但是算法本质上是传统的基于载体修改的，在某些特殊场合容易被分析挖掘。本章将采用生成对抗网络模型的方式实现类似图像变换的效果，并采取生成式信息隐藏的方式替代传统基于载体修改的方式。

按照将生成对抗网络与可逆隐藏相结合的思路，此处提出基于生成对抗网络的新型可逆隐藏算法，简称为 GRDH（GAN Based Reversible Data Hiding）算法。本章首先介绍 GAN 基本概念，接着从基本框架、准备阶段和实施阶段三个方面进行算法步骤介绍，然后从数据提取正确率、图像恢复质量以及安全性等三个方面进行仿真实验及结果分析，最后对本章内容进行总结。值得注意的是，本章提出的可逆隐藏框架要求模型训练过程中的恢复器可以完全无失真地还原载体图像，以达到可逆隐藏对可逆性的要求。因这种可逆隐藏基于生成对抗模型，故命名其为"新型可逆隐藏"。然而，受当前生成对抗网络模型性能的限制，这类方法还无法做到图像的完全无失真还原，因此本章提出的 GRDH 算法在实际应用过程中的可逆性有待提高。本章仅以 CycleGAN 模型为例介绍该框架的基本步骤。随着深度学习领域的不断发展，还会出现可逆性能更好的深度学习模型（例如可逆残差网络[14]）等，下一步可以在可逆恢复部分选择可逆性更好的模型以提高算法的可逆性。

7.2　生成对抗网络

生成对抗网络最早由加拿大蒙特利尔大学的 Goodfellow Ian 等在 2014 年提出[15]，是当前人工智能领域最流行的一种深度学习生成模型之一，被称为"新深度学习"或"下一代深度学习"。该模型基于博弈思想，主要由生成器和判别器组成。其中，生成器用于新样本的生成，主要目的是进行"造假"；判别器用于样本真假的判别，主要目的是进行"鉴真"。生成对抗网络模型通过反馈机制和优化目标函数，使得当系统达到理论上的"纳什均衡"时，最终可以达到"以假乱真"的输出效果。

图 7-1 所示为 GAN 模型的基本构造示意图。首先，生成器将输入的随机噪声转化为生成图，随后与真实图一起作为判别器的输入。然后，判别器将做出的生成图与真实图的判别结果反馈回系统中，经过多次循环迭代后系统达到零和博弈，生成器最终可以具备生成足以以假乱真的生成图的能力。

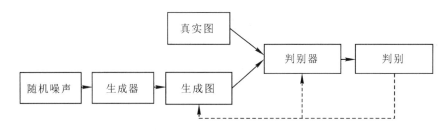

图 7-1　GAN 模型基本构造示意图

生成对抗网络自诞生以来，陆续出现了各种改进版本以及衍生变体。下面主要对将要用到的几种 GAN 版本进行简要介绍。

边界平衡生成对抗网络[16]（Boundary Equilibrium GAN，BEGAN）是原始 GAN 模型的一种较为成功的改进版本。BEGAN 模型在原始 GAN 模型的基础上，成功将自编码器[17]的基本构造应用到 GAN 结构上，并通过重新设计损失函数的方式提高训练的稳定性，以改善生成图像的视觉质量。该模型与原始 GAN 模型相比，主要改进在于增加了用于平衡生成器与判别器关系的平衡项以及构造收敛性能更佳的损失函数。类似地，同样用于图像生成的 GAN 模型还有基于生成器体系结构的生成对抗网络 StyleGAN（Style-based GAN）模型[18]等。StyleGAN 生成的图像更接近于自然图像，但是模型更加复杂，训练时间复杂度更大。

循环一致性生成对抗网络[19]（Cycle-Consistent GAN，CycleGAN）是近年来出现的一种特殊的 GAN 模型衍生变体。与用于图像生成目的的传统 GAN 模型不同，CycleGAN 模型既可以用于图像风格转换，也同时具有图像恢复的功能。此外，传统的 GAN 模型是单向的，样本的生成过程只能从一个样本集到另一个样本集，而 CycleGAN 模型是双向的，样本可以在两个样本集之间互相生成。简单地说，CycleGAN 模型是由两个单向 GAN 模型组合而成的，因此有两个生成器和两个判别器。图 7 - 2 所示为 CycleGAN 模型的基本结构示意图。以图像样本为例，图像库 A 中的样本在其中一个生成器和判别器的作用下可以生成图像库 B 的生成图像。同样，图像库 B 中的样本在另外一个生成器和判别器的作用下可以生成图像库 A 的生成图像。

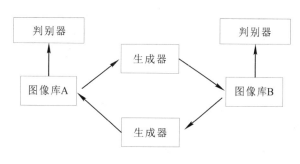

图 7 - 2　CycleGAN 示意图

7.3　基于生成对抗网络的可逆算法设计

1. 概述

　　GRDH 算法的基本流程示意图如图 7 - 3 所示，主要由准备阶段和实施阶段两个阶段构成。准备阶段进行相关模型的训练，为数据嵌入和提取提供基础；实施阶段进行数据嵌入、数据传输、数据提取等操作。

　　准备阶段按照训练任务分为三个主要步骤：CycleGAN 模型训练、BEGAN 模型训练以及提取器模型训练。图 7 - 3 中的 X 和 Y 分别代表两个图像集，G_1、G_2 代表生成器，D_1、D_2 代表判别器，E 和 F 分别代表基于卷积神经网络构造的提取器和恢复器，Z、Z_1、Z_2 代表随机噪声向量，M 代表秘密信息向量。其中，训练流程图中箭头上方的字母代表该过程所涉及的生成器或者判别器等模型。若字母外有椭圆形包围，代表该生成器或判别器是该步骤的训练目标，其内部参数在该过程中被不断调整优化；若字母外无椭圆形包围，代表该步骤直接调用该生成器或判别器，作为该步骤的工具被直接调用，其内部参数在之前步骤过程中已经被调整完成。

　　第一步是 CycleGAN 模型训练，主要用于生成器和恢复器训练，训练结束后得到生成器 G_1、恢复器 F 以及判别器 D_1、D_2，建立源图像域 X 与目标图像域 Y 的可逆映射。其中，生成器 G_1 和恢复器 F 将在后续步骤中被调用，判别器 D_1 和 D_2 作为该步骤的辅助工具未被后续步骤中调用。

　　第二步是 BEGAN 模型训练，也可以选择 StyleGAN 等其他图像生成 GAN 模型，目的是建立随机噪声 Z 到图像域 X 之间的映射关系，最终得到生成器 G_2 和判别器 D_3。其中，生成器 G_2 将在后续步骤中被调用，判别器 D_3 作为该步骤的辅助工具未被后续步骤中调用。

　　第三步是提取器训练，主要目的是训练提取器，为系统实施阶段的数据提取提供基础。该步骤直接调用第一步训练好的生成器 G_1 模型和第二步训练好的生成器 G_2 模型，最终得到一个提取器模型 E，用于实施阶段秘密信息的正确提取。提取器的模型结构与判别器类似，但是输出向量的数据结构以及维数不同。

　　算法实施阶段由发送方和接收方两部分构成，秘密信息 **M** 经过可逆映射后转化成噪声向量 **Z**，随后调用生成器模型 G_1 和 G_2，并被发送方将运算结果 $G_1(G_2(\mathbf{Z}))$ 发送给接收方。最终，接收方既可以利用提取器模型 E 进行秘密数据提取，也可以利用恢复器 F 进行载体图像恢复，以达到可逆隐藏的目的。

　　虽然上述框架与文献［2，4，5］的生成式隐写有相似之处，但是本章算法基于 CycleGAN 模型将生成式隐写思想扩展到可逆隐藏领域，生成模型方面也将传统 GAN 模型扩展到 BEGAN、StyleGAN 等其他 GAN 模型。需要指出的是，本章所提框架中的 GAN 模型并不是唯一的，图中仅以 CycleGAN 模型和 BEGAN 模型为例进行说明。由于 GAN 模型领域的发展较快，后续还会有性能更好的 GAN 模型被提出，该框架同样适用于具有类似性质的其他 GAN 模型。

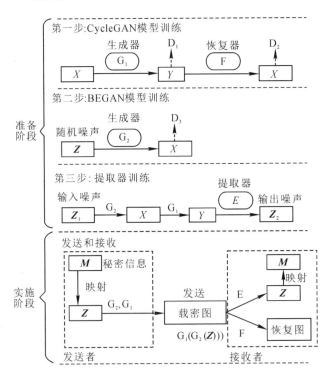

图 7-3　GRDH 算法基本流程示意图

2. 具体实现

1）准备阶段具体实现流程

　　GRDH 算法在图像生成阶段选择训练复杂度适中的 BEGAN 模型。准备阶段主要进行模型构建，为算法实施提供模型基础。下面将详细介绍准备阶段 3 个步骤的具体实现流程。

步骤一：CycleGAN 模型训练。首先，选择两个图像数据集 X 和 Y，作为模型训练的图像数据库。受 CycleGAN 模型的性能限制，选择的 X 和 Y 为形状相似但风格不同、规模较大的图像数据集，例如一定数量的斑马图像集和普通马图像集。然后，选择原始的 CycleGAN 算法建立图像集 X 和 Y 之间的相互映射。根据变分自编码器的思想，为避免出现将其中一个图像集中的所有图像映射到另一图像集中同一图像的状况，CycleGAN 模型构造了两个生成器。因此，此处提到的恢复器 F 在本质上也属于生成器，因其在算法中起恢复载体图像的作用而被称作"恢复器"。根据生成对抗网络原理，生成器训练过程最核心的步骤是计算判别器对于生成过程映射的损失函数。假设图像集 X 到 Y 以及 Y 到 X 的映射分别表示为 $X{\rightarrow}Y$ 和 $Y{\rightarrow}X$，图像集 X 和 Y 中的图像样本 x 和 y 分别服从 $x{\sim}p_{\mathrm{data}}(x)$ 分布和 $y{\sim}p_{\mathrm{data}}(y)$ 分布，则判别器 D_1 对于映射 $X{\rightarrow}Y$ 的损失函数 $L_{\mathrm{GAN}}(G_1,D_1,X,Y)$ 的计算方式如下：

$$L_{\mathrm{GAN}}(G_1,D_1,X,Y)=\mathrm{E}_{y{\sim}p_{\mathrm{data}}(y)}[\mathrm{logD}_1(y)]+\mathrm{E}_{x{\sim}p_{\mathrm{data}}(x)}\{\log[1-D_1(G_1(x))]\}$$

$$(7-1)$$

其中，$\mathrm{E}_{x{\sim}P}[f(x)]$ 代表函数 $f(x)$ 关于分布 $x{\sim}P$ 的数学期望。类似地，判别器 D_2 对于映射 $Y{\rightarrow}X$ 的损失函数 $L_{\mathrm{GAN}}(F,D_2,Y,X)$ 的计算方式如下：

$$L_{\mathrm{GAN}}(F,D_2,Y,X)=\mathrm{E}_{x{\sim}p_{\mathrm{data}}(x)}[\mathrm{logD}_2(x)]+\mathrm{E}_{y{\sim}p_{\mathrm{data}}(y)}\{\log[1-D_2(F(y))]\}\quad(7-2)$$

生成器 G_1 和恢复器 F 之间的循环损失 $L_{\mathrm{cyc}}(G_1,F)$ 可以按照以下方法计算：

$$L_{\mathrm{cyc}}(G_1,F)=\mathrm{E}_{x{\sim}p_{\mathrm{data}}(x)}[\|F(G_1(x))-x\|_1]+\mathrm{E}_{y{\sim}p_{\mathrm{data}}(y)}[\|G_1(F(y))-y\|_1]$$

$$(7-3)$$

其中，$\|\cdot\|_1$ 代表该表达式的 L_1 范数。最终，模型总的损失函数 $L(G_1,F,D_1,D_2)$ 可以表示为

$$L(G_1,F,D_1,D_2)=L_{\mathrm{GAN}}(G_1,D_1,X,Y)+L_{\mathrm{GAN}}(F,D_2,Y,X)+\lambda L_{\mathrm{cyc}}(G_1,F)$$

$$(7-4)$$

其中，调节系数 λ 用于调整各个损失函数之间的相对权重。CycleGAN 模型的训练过程即对总的损失函数进行如下优化：

$$G_1^*,F^*=\underset{G,F}{\arg\min}\ \underset{D_1,D_2}{\max}L_{\mathrm{GAN}}(G_1,F,D_1,D_2)\qquad(7-5)$$

上述过程与原始 GAN 模型相类似，先对判别器 D_1 和 D_2 进行优化（最大化），再对生成器 G_1 和恢复器 F 进行优化。优化好的 G_1 和 F 将分别由发送方和接收方保留，用于后续步骤的调用。

步骤二：BEGAN 模型训练。该步骤对图像数据集 X 基于原始 BEGAN 模型进行训练，构造生成器 G_2 和判别器 D_3。假设输入的随机噪声向量 Z 服从均匀分布 $Z{\sim}U(-1,1)$，向量维数为 100 维。首先卷积并选择卷积步数，即将噪声 Z 映射大小为 $4{\times}4{\times}512$ 的小空间范围卷积，卷积步长选择为 2；然后通过卷积层 1、卷积层 2、卷积层 3 和卷积层 4，分别映射到大小为 $8{\times}8{\times}256$、$16{\times}16{\times}128$、$32{\times}32{\times}64$、$64{\times}64{\times}3$ 的更小空间范围的卷积（见图 7-4）；最后，将最终的映射结果 $G_2(Z)$ 可以视为像素大小为 $64{\times}64$ 的三通道彩色图像。该过程与深度卷积神经网络中的卷积过程类似，但是没有全连接层和池化层。最终，

在图像数据集 X 和判别器 D_3 的作用下,训练得到生成器 G_2。其中,判别器 D_3 和生成器 G_2 均属于 CNN 结构。训练中使用的生成器损失函数 L_G 和判别器损失函数 L_D 的计算方式如下:

$$L_G = L(G(\mathbf{Z}_G)) \tag{7-6}$$

$$L_D = L(x) - k_t \cdot L(G(\mathbf{Z}_D)) \tag{7-7}$$

其中,$L(G(\mathbf{Z}_G))$ 代表随机向量经过解码生成的图像与经过判别器网络重构出来的图像之间的损失值;$L(x)$ 代表采样得到的真实图像与经过判别器网络重构出来的图像之间的损失值,k_t 是 BEGAN 模型中的重要参数在训练第 t 步的参数值。第 t 步参数 k_t 更新到第 $t+1$ 步参数 k_{t+1} 的方法如下:

$$k_{t+1} = k_t + \lambda_k [\gamma L(x) - L(G(\mathbf{Z}_G))] \tag{7-8}$$

其中,$\lambda \in [0,1]$ 代表 BEGAN 模型定义的超参数,该值越小,代表生成图像的多样性越强。类似于步骤一的优化顺序,在训练过程中首先优化判别器 D_3,然后优化生成器 G_2,实现由随机噪声 $\mathbf{Z}$ 到图像数据集 X 的映射。本步骤的主要目的是得到训练好的生成器 G_2,并将在后续步骤中被直接调用。

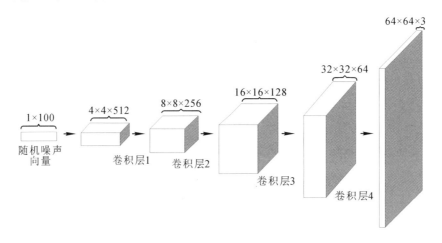

图 7-4　BEGAN 生成器基本示意图

　　步骤三:提取器模型训练。本步骤的主要目的是在利用步骤一和步骤二分别得到生成器 G_1 和 G_2 的基础上训练一个提取器 E。受生成式隐写[12]的启发,提取器 E 由 BEGAN 模型中的判别器改造而来,其基本结构如图 7-5 所示,相当于卷积映射的逆过程。具体而言,提取器将判别器的输出维数由 1×1 改为 1×100,使输出维数与生成器输入维数相一致。若提取器的输入为像素大小为 64×64 的三通道彩色图像,经过卷积层和全连接层,得到一个 100 维的输出结果,该输出结果的向量维数与步骤二生成器 G_2 的输入随机噪声 $\mathbf{Z}$ 的向量维数相同。提取器 E 的作用在于将随机噪声经过一系列映射后可以在输出端进行正确恢复。此外,为避免输入的噪声固定造成过拟合问题,在随机噪声输入时设置不同的随机数种子。经过前两个步骤训练得到生成器 G_1 和 G_2 之后,先后叠加两个生成器的效果相当于构造了新的生成器 $G_1(G_2(\cdot))$。根据前序步骤,输入秘密信息对应的随机噪声,经过 G_1 和 G_2 之后的结果 $G_1(G_2(\mathbf{Z}_1))$ 相当于是生成的载密图像。提取器 E 的训练过程实际上是

最小化输入噪声 $\mathbf{Z}_1$ 与输出噪声 $\mathbf{Z}_2$ 的过程。训练过程中采取提取器损失函数 $L_{\mathrm{GRDH}}(\mathrm{E})$ 如下：

$$L_{\mathrm{GRDH}}(\mathrm{E}) = \sum_{i=1}^{n} [\mathbf{Z} - \mathrm{E}(\mathrm{G}_1(\mathrm{G}_2(\mathbf{Z}_1)))]^2 \tag{7-9}$$

经过迭代训练，当该损失函数的值足够小或者提取器 E 收敛时，可以正确恢复出秘密信息所对应的噪声向量，实现秘密信息的正确提取。

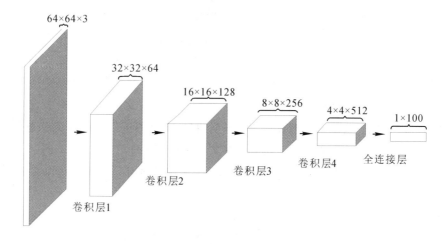

图 7-5　GRDH 提取器基本示意图

2）实施阶段具体实现流程

实施阶段由发送方和接收方两部分组成，前者生成载密图并负责发送，后者接收载密图并进行数据提取和图像恢复。准备阶段结束后，训练得到的模型包括生成器模型 G_1 和 G_2、提取器模型 E 和恢复器模型 F。其中，生成器模型 G_1 和 G_2 由发送方保留，提取器模型 E 和恢复器模型 F 经过安全信道传输给接收方。该过程与公钥密码体制中的公钥私钥以及密钥分发相类似。

假设由 0、1 二进制比特构成秘密信息向量 $\mathbf{M}$。由于准备阶段生成器输入结构为维数为 100 的、范围在 [-1,1] 的随机小数，采用文献[12]的做法，需要将二进制秘密信息向量 $\mathbf{M}$ 映射为随机向量 $\mathbf{Z}$。首先，将 $\mathbf{M}$ 按照顺序划分为若干个 k 元组，每个 k 元组由 k 个二进制比特构成。例如，当 $k=3$ 时，将秘密信息 {110101100} 划分为三个三元组 {110}、{101}、{100}。然后将每一个 k 元组映射到一个特定的随机数范围。最后在该随机数范围内产生一个随机数 z。该随机数服从以下均匀分布：

$$z \sim U\left(\frac{m}{2^{k-1}} - 1 + \delta, \frac{m+1}{2^{k-1}} - 1 - \delta\right) \tag{7-10}$$

其中，m 代表当前 k 元组所对应的十进制数值，δ 代表各个随机数范围之间的间隔。例如，当 $\delta=0.01$，$k=2$ 时，$z \sim U(0.5m-0.99, 0.5m-0.51)$，此时元组共有 {00}、{01}、{10}、{11} 四种类型，m 值分别为 0、1、2、3，此时四种类型的二元组秘密信息分别映射到以下四个范围中的随机数：$(-0.99, -0.51)$、$(-0.49, -0.01)$、$(0.01, 0.49)$、$(0.51, 0.99)$。假设秘密信息向量为 {11010110}，首先划分为四个二元组 {11}、{01}、{01}、{10}。根据二元组类型，分别在其映射范围内取随机数。以显示四位有效数字为例，该秘密信息向量映射出的随机噪声向量取值，例如$\{0.8127, -0.3923, -0.2334, 0.1892\}$，均属于范围$[-1, 1]$的随机小数，因此符合 BEGAN 模型的输入类型。类似地，当$\delta = 0.001$，$k = 3$时，随机数服从分布$z \sim U(0.25m - 0.999, 0.5m - 0.751)$，秘密信息被划分为若干个三元组，之后根据八种三元组类型对应的映射范围，转化成随机噪声向量。值得注意的是，向量 M 到随机数 z 之间的映射关系作为边信息需要提前传给接收方，发送方和接收方共享参数 δ 和 k。此时的参数 δ、k 相当于对称密码体制中的对称密钥。

在数据发送端，发送方首先根据参数 δ 和 k，将秘密信息向量 M 转化为若干个取值范围属于$[-1, 1]$的小数 z_i，然后利用训练好的模型 G_1 和 G_2，生成载密图像 $G_1(G_2(z_i))$，之后发送给接收方。在数据提取时，接收方既可以首先根据事先得到的恢复器模型 F 进行图像恢复，也可以利用提取器模型 E 进行数据提取得到向量 Z，然后根据参数 δ 和 k 进行原始秘密信息的提取。在数据提取过程中，根据向量 M 到随机数 z 之间的映射关系，使得算法具有一定的纠错能力和鲁棒性。例如，前文举例中当 $\delta = 0.01$，$k = 2$ 时，二元组$\{11\}$映射为随机噪声 0.8127，此时在进行数据提取时，输出范围在$(0.51, 0.99)$之内均可以保证数据提取的准确性。

7.4　仿真实验与性能分析

受当前生成对抗网络模型可逆性能的制约，GRDH 算法在图像恢复质量、数据提取正确率等方面与传统方法相比还有较大差距。但是，GRDH 算法与基于载体修改的传统算法在算法原理上有较大不同，因此在嵌入量、图像质量等传统指标方面与现有算法在本质上并不具有可比性。此外，GRDH 算法的优势在于嵌入原理基于生成模型，因此具有抵抗常规检测分析手段的优势，而且适用于生成式图像等新型应用场景。下面将主要介绍实验参数设置对图像恢复质量、数据提取率的影响，并对 GRDH 算法在抵抗传统检测分析方法上的安全性优势进行简要分析。

1. 实验参数设置

在硬件设备方面，实验使用 ThinkStationP500 图像工作站，其具体配置为：x86-64 架构；CPU 运行模式为 64 bit；CPU 型号为 Intel(R)Xeon(R)CPU E5-1603 v3 @ 2.80 GHz；内存大小为 16 GB；硬盘大小为 500 GB。使用 Nvidia 显卡，显卡型号为 Titan Xp、GP102，采用 Pascal 架构，版本为 384.130，性能状态(Perf)P2，显存为 12 GB GDDR5X。在实验环境方面，操作系统为 Ubuntu 16.04.6 LTS 版本，集成开发环境为 Pycharm 2016.3.2 版本，编程语言为 Python 3.6.2 版本，相关依赖环境包括 Cudatoolkit 8.0 版本、Cudnn 6.0 版本、Pip 19.0 版本、GCC4.4.7 版本、Tensorflow 1.3.0 版本、Tensorflow-GPU 1.3.0 版本、OpenCV 3.1 版本等。实验使用图像处理领域的权威图像库 CelebA[20]，该图像库是香港中文大学公开发布的人脸数据库，由 20 多万张名人头像组成。为便于 CycleGAN 模型训练，从 CelebA 库选取部分图像，根据性别构成 Man 图像集和 Woman 图像集，分别包含 8 431 幅男性头像和 11 569 幅女性头像，并统一裁剪为 256×256 像素大小。实验所使用图像数据集的部分图像样本如图 7-6 所示。

(a) Man图像集

(b) Woman图像集

图 7 - 6　图像数据集部分样本

2. 实验性能分析

实验性能分析主要从图像质量、数据提取率和安全性三个角度展开。

1) 图像质量方面的实验结果

（1）CycleGAN 模型训练阶段：采用 Man 图像集和 Woman 图像集，批处理大小 batchsize 设置为 1，随机数种子 random_seed＝1234，基础学习率初始值设置为 0.002，前一万步（一步代表一批次图像训练完毕，即代码中的 Step）的学习率保持不变，之后每隔一万步衰减一次，直至衰减至零。假设 Man 图像集和 Woman 图像集分别为 X 和 Y，在 $X \rightarrow Y \rightarrow X$ 以及 $Y \rightarrow X \rightarrow Y$ 两个方向的模型训练中，式（7 - 4）中的调节系数 λ 均设置为 10.0。梯度下降优化器的一阶矩参数设置为 0.5，第一个卷积层的滤波器个数设置为 64。经过不同训练步数后利用 CycleGAN 模型实现 Man 图像集和 Woman 图像集之间互相转换的图像质量如图 7 - 7 所示。其中，CycleGAN 模型训练 60 万步的耗时约为 52 小时，即一个小时大约训练 11 500 步。从图中可以看出，训练次数大于 10 万之后的性别转化图像质量已经基本达到可以接受的程度。随着训练次数的不断增加，CycleGAN 模型进行性别转换以及图像还原的图像质量逐渐提高。

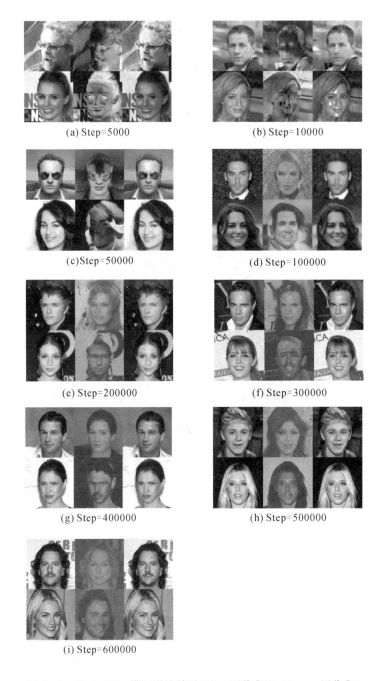

(a) Step=5000　　　　　　　　　(b) Step=10000

(c)Step=50000　　　　　　　　　(d) Step=100000

(e) Step=200000　　　　　　　　(f) Step=300000

(g) Step=400000　　　　　　　　(h) Step=500000

(i) Step=600000

图 7 - 7　CycleGAN 模型训练结果（Man 图像集和 Woman 图像集）

　　（2）GAN 模型训练阶段：选择 BEGAN 模型进行生成器训练，采用 CelebA 图像库，批处理大小设置为 16，初始基础学习率设置为 0.001，同样采取学习率逐渐衰减的方法。此外，式(7-7)中参数 k 的初始值设置为 $k_0=0$，式(7-8)中参数 γ 的初始值设置为 $\gamma=0.2$。经过不同训练步数以后的 BEGAN 模型进行图像生成的图像质量如图 7-8 所示。从图中可以看出，生成图像质量随着训练步数增加逐渐提高，步数过万后逐渐达到与自然图像较为逼真的程度。

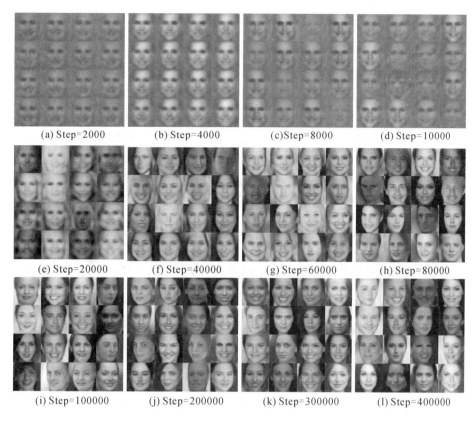

(a) Step=2000　　　(b) Step=4000　　　(c)Step=8000　　　(d) Step=10000

(e) Step=20000　　(f) Step=40000　　(g) Step=60000　　(h) Step=80000

(i) Step=100000　　(j) Step=200000　　(k) Step=300000　　(l) Step=400000

图 7-8　BEGAN 模型训练结果(CelebA 图像库)

　　值得注意的是，影响生成图像质量的重要因素之一是所选择的 GAN 模型类型。BEGAN 模型相对较为简单，训练耗时较低，图像质量相对可以接受。与 BEGAN 模型相比，虽然 StyleGAN 模型的训练耗时较大，但是生成的图像更加逼真，与自然图像更接近。图 7-9 所示为 StyleGAN 模型基于 FFHQ 图像库[18]的部分生成样本，可以看出与自然图像十分接近，但是即使使用英伟达 Tesla V100 型号的 GPU 也需要训练约五周时间，时间复杂度较大。

图 7-9　StyleGAN 模型训练结果(FFHQ 人脸图像库)

（3）实施阶段：按照前面介绍的流程，首先将秘密信息划分为若干个 k 元组，然后将二进制比特形式转换成范围属于 $[-1,1]$ 的随机噪声形式。其中，式（7-10）中的参数设置为 $\delta=0.001$，$k=3$。利用训练好的 CycleGAN 模型和 BEGAN 模型进行图像生成、图像转化和图像恢复。其中，CycleGAN 模型训练图像集为 Man 图像集和 Woman 图像集，训练次数为 60 万步；BEGAN 模型训练图像集为 CelebA 图像库，训练次数为 40 万步。实验中嵌入数据量设置为 30 bit。部分样本进行图像生成、图像转化和图像恢复的实验结果如图7-10 所示。图 7-10(a)所示为图像生成环节采取 BEGAN 模型时的部分实验结果，由于BEGAN 生成图像质量的限制，性别转化和图像恢复的视觉质量相对较低。图 7-10(b)所示为图像生成环节采取 StyleGAN 模型时的部分实验结果，从图中容易看出，性别转化和图像恢复的视觉质量相对较高。因此，不管是准备阶段还是实施阶段，图像视觉质量主要受所选择 GAN 模型的类型影响。

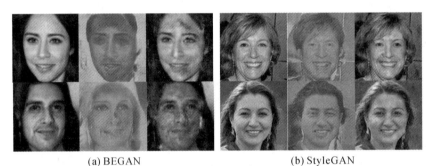

(a) BEGAN　　　　　　　　　　(b) StyleGAN

图 7-10　图像生成、图像转化和图像恢复部分结果

2）数据提取率的情况

数据提取率是指数据被接收者正确提取的概率，通过计算秘密信息被正确提取的数据量占秘密信息总数据量的比值得出，用符号 R 表示。在基于载体修改的图像可逆隐藏算法中，由于不考虑通信信道的恶意攻击和修改，接收方可以百分百地正确提取出事先嵌入的秘密信息，因此数据提取率为 1。GRDH 算法面向生成式图像，发送方将秘密信息通过模拟随机噪声驱动的形式进行数据嵌入，接收者根据训练好的提取器进行数据提取，受现有模型训练次数以及收敛性能等因素限制，目前还无法达到数据提取率等于 1 的效果。经过实验验证，在 GRDH 算法中，准备阶段所选择的 GAN 模型与数据提取率没有直接关系，式（7-7）中的训练步数 t 以及式（7-10）中的相关参数 k 和 δ（可以称之为间隔参数）是影响数据提取率的主要因素。

首先，将相关参数设置为 $k=1$，$\delta=0.01$，生成模型采用 BEGAN 训练模型，训练图像库为 CelebA 图像库，训练步数 t 分别设置为 50、100、200、300、400、500、1000 等。参数 t 对数据提取率 R 的影响如表 7-1 所示。从表中可以看出，随着训练步数的增加，数据提取率呈现逐步增大的趋势，最终趋于收敛后的数据提取比例可以达到 90% 以上。

表 7-1　参数 t 对数据提取率 R 的影响

k	50	100	200	300	400	500	1000
R	0.515	0.639	0.793	0.820	0.892	0.912	0.908

其次，将间隔参数设置为 $\delta = 0.01$，生成模型采用 BEGAN 训练模型，训练图像库为 CelebA 图像库，训练步数不断增加直至损失函数收敛。参数 k 对数据提取率 R 的影响如表 7 - 2 所示。从表中可以看出，随着参数 k 增大，数据提取率呈现逐步降低的趋势。分析其原因，主要与 GRDH 算法实施阶段数据提取环节秘密信息与随机噪声的映射规则有关，具体原理见前述。随着参数 k 增大，秘密信息映射的 k 元组类型数增多，而随机噪声总的数值范围 $[-1, 1]$ 不变。因此，每个秘密信息对应的 k 元组映射到随机小数时的范围间隔变小，数据提取时的容错范围减小，数据提取准确率下降。例如，当 $k=1$，$\delta = 0.01$ 时，只有两种二元组类型 0 和 1，分别对应 $(-0.99, -0.01)$ 和 $(0.01, 0.99)$ 两个数值范围，提取器输出范围在 $(-0.99, -0.01)$ 均可以被正确提取为 0；而当 $k=2$，$\delta = 0.01$ 时，出现四种四元组类型，分别对应四个数值范围，提取器输出范围在 $(-0.99, -0.51)$ 时才可以被正确提取为 00。GRDH 算法数据提取环节中，秘密信息与随机噪声的映射关系相当于为数据提取提供了一种容错机制，当参数 k 值增大时，虽然嵌入容量增加，但是数据提取率明显下降。

表 7 - 2　参数 k 对数据提取率 R 的影响

k	1	2	3	4	5
R	0.949	0.933	0.896	0.753	0.654

最后，将元组参数固定为 $k=3$，生成模型采用 BEGAN 训练模型，训练图像库为 CelebA 图像库，训练步数不断增加直至损失函数收敛。参数 δ 对数据提取率 R 的影响如表 7 - 3 所示。从表中可以看出，随着参数 δ 增大，数据提取率呈现逐渐缓慢增大的趋势，但是该参数对数据提取率 R 的影响较小。该影响出现的原因与前文参数 k 对数据提取率 R 影响的原因类似。随着参数 δ 增大，每个秘密信息对应的 k 元组映射到随机小数时的范围间隔变小，数据提取时的容错范围减小，数据提取准确率下降。例如，当 $k=3$，$\delta = 0.001$ 时，三元组 000 对应的数值范围是 $(-0.999, -0.751)$，提取器输出范围在 $(-0.999, -0.751)$ 时均可以被正确提取为 000，区间间隔为 0.248，而当 $k=3$，$\delta = 0.01$ 时，三元组 000 对应的数值范围是 $(-0.99, -0.76)$，提取器输出范围在 $(-0.99, -0.76)$ 时均可以被正确提取为 0，区间间隔缩小为 0.23。值得注意的是，参数 δ 主要用来区分不同数值范围，因此一般取值较小，可变幅度相对较小。因此，与参数 k 相比，参数 δ 的变化对区间间隔的影响相对较小，参数 δ 的大小对数据提取率的影响相对较小。

表 7 - 3　参数 δ 对数据提取率 R 的影响

δ	0.01	0.02	0.03	0.04	0.05	0.06	0.07	0.08	0.09	0.1
R	0.883	0.889	0.894	0.887	0.889	0.893	0.897	0.886	0.894	0.898

3）算法的安全性

GRDH 算法与传统算法相比的主要优势有两个：

（1）GRDH 算法更适合于处理载体图像是生成式图像的应用场景，而随着人工智能技术的发展，生成式图像将越来越普及。

（2）虽然传统算法大多不考虑恶意攻击，但随着云计算等技术的发展，基于载体修改的方法容易被统计分析和检测攻击。这里主要对后者关于安全性的优势进行简要分析。

面向生成式图像的信息隐藏安全性主要包含两部分内容。第一部分是生成模型本身的安全性，即当系统具有较高安全性时，攻击者无法判断生成图像属于生成式图像还是自然图像。第二部分内容是指信息嵌入的安全性，即当系统具有较高安全性时，即使攻击者利用某种特殊手段可以鉴别生成式图像和自然图像的类型，也仍然无法判断当前图像是否隐藏秘密信息。从本质上来讲，前者相当于针对生成式图像的反取证技术；后者相当于特殊类型的隐写分析技术。下面将分别结合上述关于安全性的两部分内容对 GRDH 算法进行分析。

一方面是生成模型本身的安全性，即生成图像抵抗图像生成来源取证的能力，属于人工智能领域的研究范畴。在图像安全领域中，取证与反取证一直是互相制约、相互促进的关系。经过较长时间的训练，BEGAN、StyleGAN 等生成对抗网络模型生成的图像已经可以生成在视觉上与自然图像相似、难以分辨的图像。随着人工智能技术的不断发展，还会出现更多安全性更高的 GAN 模型，基于生成对抗网络模型生成的图像抵抗第三方进行自然图像取证的安全性会越来越高。由于 GRDH 算法使用的 GAN 模型并不是一成不变的，下一步可以采用具有类似特性以及更高安全性的 GAN 模型进行扩展。

另一方面是信息嵌入的安全性，即生成图像抵抗秘密信息检测的能力。首先，生成式图像作为一种特殊的多媒体形式会越来越普及，生成式图像的图像形式本身并不会泄露秘密信息的存在性。生成式图像根据生成原理，主要过程是从随机噪声出发生成图像，例如大多数 GAN 模型的输入噪声范围为 $[-1,1]$。本章算法进行数据嵌入的主要原理在于建立秘密信息与随机噪声的映射关系，将原本完全随机的输入噪声根据秘密信息调制成在特定长度的输入噪声中控制随机数的取值范围，例如当秘密信息为 0 时将当前输入噪声控制在 $[-1,0]$。然而，秘密信息的嵌入并未改变输入噪声的随机性以及整个周期上 $[-1,1]$ 的总体取值特性。因此，GRDH 算法的"载体图像"和"载密图像"具有不可区分性，可以抵抗面向载体修改信息隐藏的传统隐写分析技术和攻击检测技术，这与隐写技术中的无载体信息隐藏[21]相类似。

7.5　本章小结

传统的信息隐藏方法都是基于载体修改的，主要通过修改像素值大小实现数据嵌入的目的。随着深度学习等技术的发展，生成式信息隐藏成为当前研究的一大热点。本章在介绍相关研究背景和基础知识的基础上，对基于生成对抗网络的生成式可逆隐藏算法进行介绍。GRDH 算法的提出主要受生成式隐写以及基于图像变换的新型密文域可逆隐藏的启发，通过设置提取器实现生成对抗网络模型和可逆信息隐藏的结合。然而，受当前生成对抗网络模型性能的限制，还无法做到图像的完全无失真还原和嵌入信息的百分百正确提取，因此实际应用过程中，在数据提取正确性和图像恢复百分百等方面还有较大的提升空间，这也是下一步工作中需要继续深入研究的课题。

本章参考文献

[1]　孟小峰，慈祥. 大数据管理：概念、技术与挑战[J]. 计算机研究与发展，2013，50(001)：146-169.

［2］ 冯登国，张敏，张妍，等. 云计算安全研究［J］. 软件学报，2011，22(1)：71－83.

［3］ 李德毅，刘常昱，杜鹢，等. 不确定性人工智能［J］. 软件学报，2004，15(11)：1583.

［4］ 管海明. D－Wave 的量子计算进展值得关注［J］. 信息安全与通信保密，2007(07)：30－33.

［5］ ZENG J，TAN S，LI B，et al. Large-scale JPEG steganalysis using hybrid deep-learning framework［J］. IEEE Transactions on Information Forensics & Security，2016，13(5)：1200－1214.

［6］ WU S T，ZHONG S H，LIU Y. Deep residual learning for image steganalysis［J］. Multimedia Tools and Applications，2017，77(9)：1－17.

［7］ RUAN F，ZAHNG X，ZHU D，et al. Deep learning for real-time image steganalysis：a survey［J］. Journal of Real-Time Image Processing，2020，17(1)：149－160.

［8］ QIAN Y L，DONG J，et al. Feature learning for steganalysis using convolutional neural networks［J］. Multimedia tools and applications，2018，77(15)：19633－19657.

［9］ SONG X，XU X，WANG Z，et al. Deep convolutional neural network-based feature extraction for steganalysis of content-adaptive JPEG steganography［J］. Journal of electronic imaging，2019，28(5)：53029.1－15.

［10］ DONG J，YIN R，SUN X，et al. Inpainting of remote sensing SST images with deep convolutional generative adversarial network［J］. IEEE Geoscience and Remote Sensing Letters，2019，16(2)：173－177.

［11］ ZHANG Z，FU G Y，DI F Q，et al. Generative reversible data hiding by image to image translation via GANs［J］. Security and Communication Networks，2019，DOI：10.1155/2019/4932782.

［12］ HU D H，WANG L，JIANG W J，et al. A novel image steganography method via deep convolutional generative adversarial networks［J］. IEEE Access，2018，6：38303－38314.

［13］ ZHANG W，WANG H，HOU D，et al. Reversible data hidng in encrypted images by reversible image transformation［J］. IEEE Transactions on multimedia，2016，18(8)：1469－1479.

［14］ LU Z，JIANG X，KOT A. Deep coupled ResNet for low-resolution face recognition［J］. IEEE Signal Processing Letters，2018，25(4)：526－530.

［15］ GOODFELLOW I，POUGET J，MIRZA M，et al. Generative adversarial nets［A］. Proceedings of 27th International Conference on Neural Information Processing Systems［C］. Cambridge，MA：MIT Press，2014，2672－2680.

［16］ LI Y，XIAO N，OU Y W. Improved boundary equilibrium generative adversarial networks［J］. IEEE Access，2018，6：11342－11348.

［17］ HE M，MENG Q，ZHANG S. Collaborative additional variational autoencoder for Top-N recommender systems［J］. IEEE Access，2019，7：5707－5713.

［18］ TERO K，SAMULI L，TIMO A. A style-based generator architecture for generative adversarial networks［A］. Proceedings of IEEE Conference on Computer

Vision and Pattern Recognition[C]. New York：IEEE，2019，1 – 12.

[19]　ZHU J，PARK T，ISOLA P，et al. Unpaired image-to-image translation using cycle-consistent adversarial networks［A］. Proceedings of IEEE International Conference on Computer Vision[C]. New York：IEEE，2017，2242 – 2251.

[20]　KANEKO T，HIRAMATSU K，KASHINO K. Generative adversarial image synthesis with decision tree latent controller［A］. Proceedings of IEEE Conference on Computer Vision and Pattern Recognition［C］. New York：IEEE，2018，6606 – 6615.

[21]　张建军. 基于文本集常见词的无载体信息隐藏技术研究［D］. 长沙：湖南大学，2018.